气象奥秘
——综合知识卷

QIXIANG AOMI -ZONGHE ZHISHI JUAN

本书编写组◎编著

气象出版社
China Meteorological Press

内容简介

本书包括了"天气与气候"、"天气预报"、"气候变化"、"气象灾害"四部分内容，对常用的气象名词和术语进行了通俗易懂的解读，并配有简易的示意图，便于读者理解。同时还附有各类气象要素、气象灾害的等级划分标准，以方便读者查阅。

图书在版编目（CIP）数据

气象奥秘. 综合知识卷 ／《气象奥秘》编写组编著.
—北京：气象出版社，2012.3
ISBN 978-7-5029-5444-4

Ⅰ．①气… Ⅱ．①气… Ⅲ．①气象学－普及读物
Ⅳ．①P4-49

中国版本图书馆CIP数据核字（2012）第036322号

出版发行：气象出版社

地　　址：北京市海淀区中关村南大街 46 号	邮政编码：100081
总 编 室：010-68407112	发 行 部：010-68409198
网　　址：http://www.cmp.cma.gov.cn	E - m a i l：qxcbs@cma.gov.cn
责任编辑：吴晓鹏	终　　审：赵同进
封面设计：阳光图文工作室	版式设计：李勤学
印　　刷：中国电影出版社印刷厂	
开　　本：710 mm×1000 mm　1/16	
字　　数：156 千字	印　　张：10.5
版　　次：2012 年 7 月第 1 版	印　　次：2012 年 7 月第 1 次印刷
定　　价：38.00 元	

序

　　如何在中国经济社会的发展进程中推进科学发展观这个主题和转变发展方式这条主线的落实，提高人的科学素养应是重要的条件。

　　近年来，我国因极端天气气候事件造成的损失和影响不断加重，应对气候变化和防灾减灾形势十分严峻，公众对气象科普知识的需求也越来越迫切。面向公众普及应对气候变化、防御气象灾害等科学知识，不仅对全面提高全社会参与应对气候变化行动能力、进一步提升气象灾害预警信息传播和公众防灾避灾水平具有很强的现实意义，也是提升公众防灾避灾、自救互救能力的迫切要求。

　　根据"十二五"时期推动科学发展、加快转变气象事业发展方式，全面提高气象科学知识普及工作的服务能力和社会化水平，促进全民科学素质的提升的新要求，中国气象局办公室宣传处组织编写了《气象奥秘——综合知识卷》，目的是为广大公众学习和了解气象知识提供方便。

　　本书包括了"天气与气候"、"天气预报"、"气候变化"、"气象灾害"四部分内容，对常用的气象名词和术语进行了通俗易懂的解读，并配有简易的示意图，便于读者理解。同时还附有各类气象要素、气象灾害的等级划分标准，以方便读者查阅。希望本书对气象科学知识的普及起到积极的推动作用，受到广大读者的喜爱。

二〇一二年五月

CONTENTS

目　录

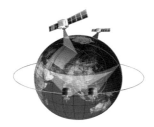

第 **1** 篇

天气与气候

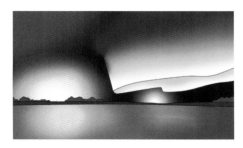

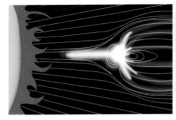

附 录

1 大气

🌐 大气

又称大气层，大气圈。包围地球的空气的总称。相对于地球而言，大气是披在地球表面一件薄薄透明的外衣。

为什么大气又称为空气 很早以前人们发现自己的周围弥漫着许多气体，但是，这种气体是无色、无味、透明的，而且看不见、摸不着，所以就叫它"空气"。其实，空气并不空。

图 1.1 从人造卫星上看地球大气，好像是蒙在地球表面的一层薄薄的浅蓝色"面纱"。

🌐 大气成分

现在的大气是由多种气体和悬浮着的微粒组成的混合物。这种混合物含有三类物质：干洁大气、水汽和气溶胶粒子。

不含水汽和气溶胶粒子的混合空气称为干洁大气。干洁大气中对人类活动影响比较大的成分是氮、氧、臭氧和二氧化碳（见附录一）。

气溶胶粒子是指大气中处于悬浮状态的土壤、肥料、浓烟、盐等小颗粒，火山灰和宇宙尘埃、微生物、植物孢子和花粉、小水滴、冰晶等。

由于人类活动使得大气不断受到污染，给大气增添了新的成员，如粉尘微粒有碳粒、飞灰、碳酸钙、氧化锌、二氧化铝等；硫化物有二氧化硫、三氧化硫、硫酸、硫化氢等；氮化物有一氧化氮、二氧化氮、氨等；氧化物有臭氧、过氧化物、一氧化碳等；卤化物有氯、氟化氢、氯化氢等；有机化合物有碳化氢、甲醛、有机酸、焦油、有机卤化物、酮等。另外，由于植被的破坏，沙漠的扩大，海洋的污染，平流层航线的增加等都会影响大气的成分。

大气演化　现在的大气原来不是这样的。四五十亿年来，随着地球的形成和演化，地球大气经历原始大气、次生大气（它们不含氧气）长期复杂变化过程，才演变成了氧化大气（即现在大气）。

大约在40多亿年以前，地球由一团星云组合而成，较重的部分凝聚在核心，较轻的部分留在外边。由于太阳风的作用，原始大气很快就消失了，这就是说，早期地球一度曾没有大气

后来地球不断冷却，剧烈的火山爆发把地球内部的气体不断排出，形成了次生大气，不过那时的大气与现在的大气毫不相同

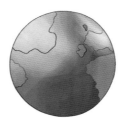

随着生命的不断演化，大气的组成发生了巨大变化，其中一个显著的特点就是现代大气中含有丰富的氧气，它是生命的源泉

图1.2　地球大气的演化

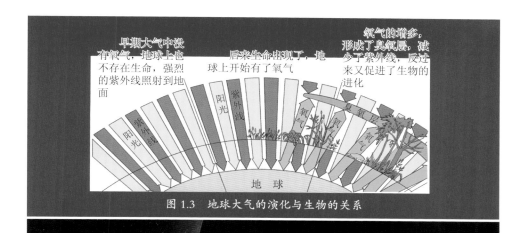

早期大气中没有氧气，地球上也不存在生命，强烈的紫外线照射到地面

后来生命出现了，地球上开始有了氧气

氧气的增多，形成了臭氧层，减少了紫外线，反过来又促进了生物的进化

阳光　紫外线　阳光　紫外线　氧气　氧气　臭氧层　氧气

地球

图 1.3　地球大气的演化与生物的关系

🌍 大气分层

　　一般来说，大气在水平方向上可以看做是均匀的，但是在垂直方向上差异却很大。

　　人们常常按不同的标准，将大气在垂直方向上划分成不同的层次。

　　最常用的是由地面到高空，按垂直温度分布将大气圈分为五层，即对流层、平流层、中间层、热层和散逸层（见图 1.4）。

　　对流层　靠近地面的一层大气。其下界是地面，上界高度则随纬度和季节等因素的变化而改变，就其平均高度而言，在低纬度地区，平均为 17～18 千米；中纬度地区平均为 10～12 千米；极地平均为 8～9 千米。就其季节变化而言，夏季上界的高度大于冬季。对流层集中了大约 75% 的大气质量和 90% 以上的水汽质量，因此，主要的天气现象如云、雾、降水等都发生在这一层。对流层的最大特点是气温随高

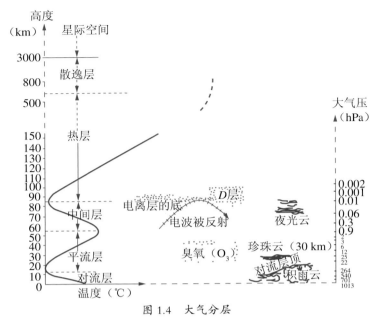

图 1.4　大气分层

度的升高而降低，平均高度每增加 100 米，气温降低 0.65℃。对流层与平流层的交界处，有一个厚约 1 ~ 2 千米的过渡层，叫做对流层顶。

平流层　自对流层顶向上到 55 千米左右。在平流层的下半部，平均说来，温度随高度的升高是不变的，或温度随高度增加微有上升，上半部则温度随高度的增加显著升高，到平流层顶可增至 0℃左右，整层气流比较平稳，水汽和尘埃含量很少，适于飞机航行。

中间层　平流层顶部向上到 85 千米左右，该层的最大特点是：温度随高度的增加而迅速降低，其顶部温度可降至 −83℃以下。

热层　中间层顶部向上到 500 千米左右叫热层，又叫电离层。该层有两个特点：一是温度随高度增加而迅速升高，在 300 千米高度上，可高达 1000℃以上；二是该层空气处于高度的电离状态。

散逸层　热层顶以上的大气层。这一层的温度也是随高度增加而升高，该层内由于温度很高，空气又很稀薄，再加上地球引力很小，所以一些高速运动的大气质点可以挣脱地球引力的束缚，克服其他大气质点的阻碍而散逸到宇宙空间去。

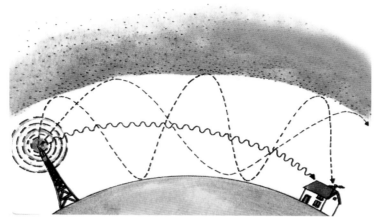

图 1.5　电离层反射电磁波实现远距离无线电通信示意图

其他相关概念：

低层大气　距地面高度 10 ~ 15 千米以下的大气层。

中层大气　距地面高度 15 ~ 85 千米之间的大气层，包括平流层和中间层。

高层大气　距地面高度 85 千米以上的大气层。

逆温层　一般指对流层中温度随高度增加或者保持不变的那个大气层次，不是任何时间和地点都会有的。

臭氧层　距地面 10 ~ 50 千米臭氧比较集中的大气层。其最高浓度在距地面 20 ~ 50 千米内。

电离层　有大量离子和自由电子足以反射电磁波的部分大气层，距地面高度 60 ~ 500 千米。

摩擦层　底部与地表接触，其上界距地面高度 1 ~ 2 千米。对流作用强盛，受地面热力作用影响，气温有明显日变化。

自由大气　摩擦层以上的大气，其中大气分子运动受地面摩擦的影响可忽略不计。

🌐 天气、气候与气象

天气 是一定区域内在某一瞬间或某一较短时段内大气中影响着人们日常生活、工作、生产活动的各种气象要素和各种天气现象及其变化的总称。表述天气的基本依据是气温、气压、湿度、风向、风速、云、降水等气象要素的观测结果。

天气现象 指的是在气象观测站和视区内出现的降水现象、水汽凝结现象、冻结物、大气尘埃现象、光、电以及风的一些特征，如雨、雪、冰雹、雷暴、霜、露、虹、龙卷、大风等现象。广义上来说，人们习惯把天气的冷暖、燥湿、晴阴等也列入其范畴之中。

气候 指某一地区长时期内的天气状态的综合表现，或某一地区天气要素的多年平均值。世界气象组织规定30年是气候的标准时段，这个30年就是对"长时期"概念的具体化。气象要素的各种统计量是表述气候的基本依据，通常使用的有均值、总量、频率、极值、变率、各种天气现象的日数及其初终日期以及某些要素的持续日数等，既反映平均情况，也反映极端情况。

气象 是指发生在天空中的风、云、雨、雪、霜、虹、晕、雷电等一切大气的物理现象的统称。显然，它与天气、气候的概念不太一样。

🌐 天文与气象不是一回事

天文与气象是两个学科，两者研究的基本对象完全不同。

天文是研究宇宙、日月星辰变化和天体运动规律的科学。

气象是研究地球大气层中发生的风、云、雨、雪、雷电等物理现象与规律的科学。

🌏 大气与人类

包围地球的大气，不仅是包括人类在内的地球生命的摇篮，更是其保护伞。

维系生命的"营养元" 地球上一切有生命的生物，包括人类，一时一刻都离不开大气，氧气被称为"生命之素"，氮被称为"营养之素"。

维持适温的"保温被" 被称为温室气体的大气中的二氧化碳等，可以使地表的热量不易散失，为人类创造了全球平均温度 15 摄氏度左右的适宜生存环境。如果没有大气,地球就跟月球一样，白天温度升到零上 100 多摄氏度，晚上会低到零下 100 多摄氏度的；如果没有大气，地球上的水就会被蒸发掉，

大气能调节地球温度，使地球上白天与夜晚的温度变化比较缓和，不至于温差很大

图 1.6　有无大气对人的影响

变成一个像月球那样的干燥星球，这样，地球就没有生机，当今的世界也就不存在了。

吸收日毒的"遮阳伞" 大气中氧分子在太阳紫外辐射作用下形成的臭氧层，虽然浓度很低，却能把太阳辐射中对人类有害的 99% 波长较短的紫外辐射吸收掉，从而保护人类免受太阳紫外辐射的伤害。而它不完全吸收的波长较长的紫外辐射对人类还有用处的，它能够杀灭细菌，防止佝偻病等。如果没有臭氧层，人类与其他动物将会患上皮肤癌症。

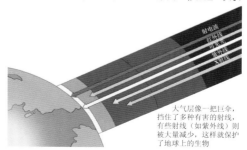

大气层像一把巨伞，挡住了多种有害的射线，有些射线（如紫外线）则被大量减少，这样就保护了地球上的生物

图 1.7　大气挡住太阳发出的对人类有害的辐射

　　融化陨星的"防弹衣"太空中的宇宙小星体在进入大气层时，由于与大气分子摩擦生热而自燃，或者烧尽，或者只剩下一小块（落到地球上成为陨石），从而保护人类不被砸死。否则，这些宇宙小星体会毫无阻拦频繁地与地面"亲密接触"，地球将像月球一样坑坑洼洼，一切生物也不可能存在了。

图 1.8　大气使宇宙小星体烧尽或者变成小陨石

2　气象要素和天气现象

 天气

见本篇大气一节。

 四个基本气象要素

气温

温度是表征物体冷热程度的物理量。气象学上把表示空气冷热程度的物理量称之为空气温度，简称气温。

气象台站一般所说的气温，是在观测场中百叶箱内温度表（距地面 1.5 米高度处）所测得的温度。

最高气温和最低气温　最高气温是指一天中空气温度的最高值，通常出现在下午 2 时左右；最低气温是指一天中空气温度的最低值，通常出现在清晨太阳升起之前。

图 2.1　气象观测场中的百叶箱

气压

气压就是大气压强,是指在与大气相接触的面上,空气分子作用在每单位面积上的力。在气象上,气压通常用观测高度到大气上界(即整个大气柱)单位面积上的垂直空气柱的重量来表示。气象上气压测量单位是百帕(hPa),也用毫米水银柱高度来表示。

本站气压 又称地面气压,气象观测站气压表所在高度上的气压值。

海平面气压 由本站气压推算到平均海平面高度上的气压值。

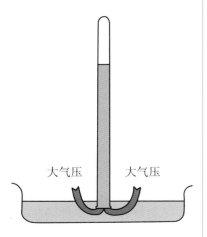

图 2.2 大气有压力的实验

标准大气压 气象上规定,在纬度为 45 度、气温为 0℃的海平面气压为 1013.25 百帕,相当于 760 毫米的水银柱高度,此压强定为 1 个标准大气压。

湿度

湿度是表示物体潮湿程度的物理量。空气湿度是表示空气中水汽含量或潮湿程度的物理量。绝对湿度是单位体积湿空气中含有的水汽质量,即水汽的密度。相对湿度是空气中水汽压与饱和水汽压的百分比。

风

　　气象上把空气在水平方向的运动定义为风，它不仅有数值的大小（风速），还有方向之分（风向）。风的形成如图 2.3 和图 2.4 所示。

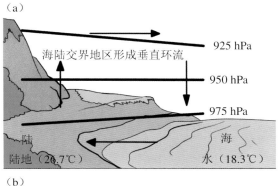

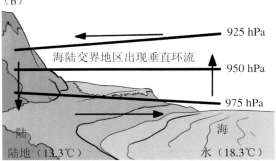

图 2.3　海风（a）、陆风（b）的形成

风向　是指风的来向，地面风向用 16 个方位表示。

风速　是指单位时间内空气在水平方向上流动的距离，常用单位为米／秒，有时用千米／小时，或海里／小时。习惯上采用将风速分为若干等级的做法，即风力。风力等级是根据对地面（或海面）物体的影响程度来定的（见附录二）。在没有风速计时，可以根据风中物体运动的状态和人的感觉来估测风力的大小。

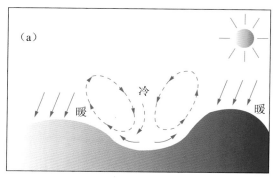

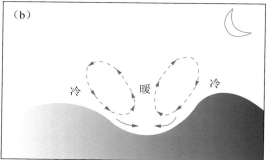

图 2.4　山谷风的形成

🌏 水汽相变产生的天气现象

　　水有三种形态，即气态（水汽）、液态（水）和固态（冰），这三态可以相互转化，称为水相变化，简称相变。在一定温度条件下，水汽通过凝结或凝华，相变为水滴或冰晶，从而成云致雨，落雪降雹，结露凝霜，成就了与水有关的一些天气现象。不论是悬浮于空中的云，还是从天降下来的雨、雪、雹、霰，或者直接在地球表面出现的露、霜、雾等，它们有着共同的"母亲"——水汽，它们是"同胞兄弟"。

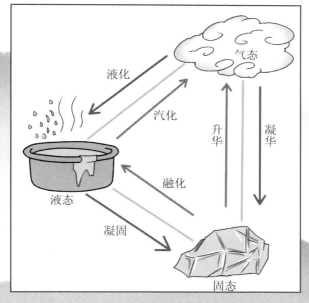

图 2.5　水的三态变化

　　云　指悬浮在空中的水滴或冰晶或两者的可见混合体。它的底部不接触地面。根据云的云底高度和外形特征，分为三族十属：三族为高云、中云、低云；十属为卷云、卷层云、卷积云、高层云、高积云、层云、层积云、雨层云、积云和积雨云。在此基础上，根据外形特征、排列情况、透光程度、演变情况等又细分为二十九类（见附录三）。

气象奥秘——综合知识卷

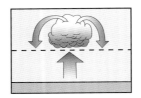

对流成云
对流作用产生上升的热气流，它可以形成积云，如果它上升得足够高，则形成积雨云。

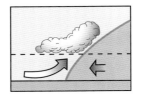

锋面成云
当前进的暖气团滑到冷气团的上部时，或当前进的冷气团插入暖气团的下部时，云就会形成。

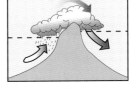

地形成云
当流动的空气越过丘陵或山脉而被抬升时，云就会形成。

图 2.6　云的形成示意图

云量　云遮盖天穹的成数。

云底　云的下边界。

云顶　云的上边界。

云高　云底距地面的高度。

低云　云底距地面 2 千米以下的云层。

中云　云底距地面高度分别是 2～4 千米（极地），2～7 千米（温带），2～8 千米（热带）的云。

高云　云底距地面高度分别是 3～8 千米（极地），5～13 千米（温带），6～18 千米（热带）的云。

雾　指近地面的空气层中悬浮着大量微小水滴或冰晶使水平能见度降到 1 千米以下的天气现象，它靠近或者触及地面。

图 2.7　大气中的云

水平能见度　是指视力正常的人在当时天气条件下，能够从天空背景中看到和辨认出目标物（黑色、大小适度）的最大水平距离；夜间则是以能看到或确定出一定强度灯光的最大水平距离，再换算成相应白天的能见度。

露　是指空气中水汽凝结在地面物体上的液态水。一般出现在夏末秋初的清晨，这时较冷物体表面的温度应不低于 0℃。

霜　是指夜间地面冷却到 0℃ 以下时，空气中的的水汽凝华在地面或者地物上的冰晶，一般出现在深秋到初春期间。

雾凇　是水汽直接在树枝、电线和地物凸出表面上凝华形成的小冰晶，多见于寒冷而湿度高的天气条件下，例如，我国山区以及东北地区的东部较多出现。

雾凇和霜的区别　在形状上相似，但在形成过程上却有差别。霜主要是在晴朗微风的夜晚形成，而雾凇可以在任何时间内形成。此外，霜形成在强烈辐射冷却的水平面上，雾凇主要形成在垂直面上。

雨凇　是指过冷却的雨或过冷却的毛毛雨的雨滴碰到 0℃ 附近的地面或地物上，立即冻结而形成的坚硬冰层。它可以发生在水平面上，也可发生在垂直面上。气象上把形成雨凇的雨称为冻雨，这种雨与人们常说的一般水滴不同，是一种碰上物体就能结冰的过冷却水滴。

降水 是指从云中降到地面上的液态或固态水。由于云的温度、气流分布等状况的差异,降水具有不同的形态——雨、雪、霰、雹等。

降水量 一定时段内液态或固态(经融化后)降水,未经蒸发、渗透、流失而在水平面上累积的深度。以毫米为单位。

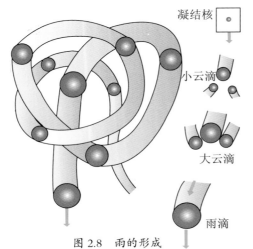

凝结核

小云滴

大云滴

雨滴

图 2.8 雨的形成

雨 从云中降落至地面的液态降水(见附录四,图2.8)。

雪 从云中降落至地面的由冰晶聚合而形成的呈六角雪花形态的固态降水(见附录五)。

霰 从云中降落至地面不透明的球状晶体,直径2～5毫米。着硬地常反弹,松脆易碎。

雹 或称冰雹,由透明和不透明冰层相间组成的固体降水,呈球形,常降自积雨云(见图2.9)。

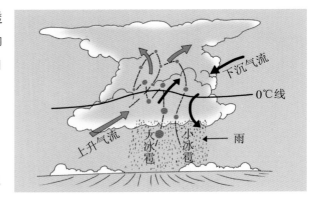

下沉气流

0℃线

上升气流

大冰雹

小冰雹

雨

图 2.9 雹的形成

霾、酸雨、冻雨 （见第 3 篇气候变化和第 4 篇气象灾害的相关内容）

雷电现象

闪电 大气中的强烈放电现象。按其发生的部位，可分为云空、云内、云际、云地之间四种放电（见图2.10）。

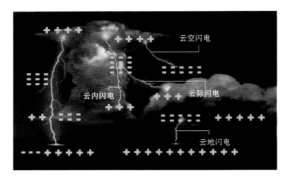

图 2.10 闪电发生的类型

雷 闪电通道内空气急剧膨胀产生的冲击波退化而成的声波，表现为伴随闪电发生的隆隆响声。

大气光象

大气光象是指在日、月等自然光源照射下，由于大气分子、气溶胶和云雾降水粒子的反射、折射、散射等作用而引起的如虹、晕、华之类的一系列光学现象。

蓝色的天空

蓝色的天空不是因为大气本身的颜色是蓝色的，也不是因为大气中含有某种蓝色的物质，而是因为太阳光线射入大气层后，遇到大气分子和浮悬在大气中的微粒发生散射的结果。

大气分子和其中悬浮的微粒对太阳辐射的可见光部分中波长较短的紫、蓝、青色光散射最厉害，而波长较长的红、橙、黄色光很少被空气分子散射，所以天空看上去是蔚蓝色的（见图 2.11）。

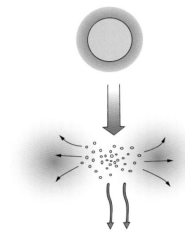

图 2.11　大气的散射作用使天空呈显美丽的蓝色

天空蓝色只是在低空才看得见，随着高度的增加，由于空气越来越稀薄，大气分子数量急剧减少，分子散射出来的光辉逐渐减弱，天空亮度越来越暗，由蓝而青（8千米以上），由青而暗青（11千米以上），再逐渐变成暗紫色（13千米以上），到20千米以上的高空，散射作用几乎完全不存在了，天空就变成暗黑色的。

虹

当阳光照射到半空中的雨点，光线被折射及反射，在天空上形成拱形的七彩彩带，从外至内分别为：红、橙、黄、绿、青、蓝、紫（见图 2.12 ）。

只要空气中有水滴，而阳光正好在观察者的背后以低角度照射，便可能产生彩虹现象。彩虹最常在下午雨后刚转天晴时出现。在瀑布附近也可见到。如果在晴朗的天气下背对阳光在空中洒水或喷洒水雾，亦可以人工制造彩虹。

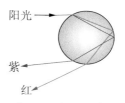

图 2.12　虹的形成

晕

　　阳光或月光透过天空中的云（卷层云）中的冰晶时发生折射和反射，从而在太阳或月亮周围产生的彩色光环，称为日晕或月晕，统称为晕。晕的色序与虹相反，内侧呈淡红色，外侧为紫色。其中对观测者所张的角半径为22度的晕最为常见，称22度晕，偶尔也可看到角半径为46度的晕和其他形式的与晕相近的光弧。由于有卷层云存在才出现晕，而卷层云常处在离锋面雨区数百千米的地方，随着锋面的推进，雨区不久可能移来，因此，晕就往往成为阴雨天气的先兆。

佛光

　　指太阳自观赏者的身后，将人影投射到观赏者面前的云彩之上，经其中细小冰晶与水滴折射和反射而形成独特的彩色圆圈，人影正在其中。佛光的出现，原则上要阳光、地形和云海等众多自然因素的结合，只有在极少数具备了以上条件的地方才可欣赏到（见图2.13）。由于峨眉山是我国四大佛教名山之一，更拥有出现佛光独特的天时地利条件，所以又称为"峨眉宝光"。

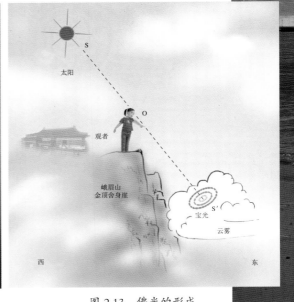

图 2.13　佛光的形成

霞

日出或者日落前后，在太阳附近天空由大气对阳光散射、折射和选择性吸收所造成的色彩缤纷的现象。日出前后的叫朝霞，日落前后的叫晚霞。

当日出和日落前后时，阳光经过大气层的路径较长，阳光中的紫色和蓝色的光减弱得最多，到达地平线上空时已所剩无几了，余下的只是波长较长的黄、橙、红色光了。这些光线经地平线上空的空气分子和尘埃、水汽等杂质散射以后，那里的天空看起来也就带上了绮丽的色彩。空中的尘埃、水汽等杂质愈多时，这种色彩愈显著。如果有云，云块也会染上橙红艳丽的颜色。

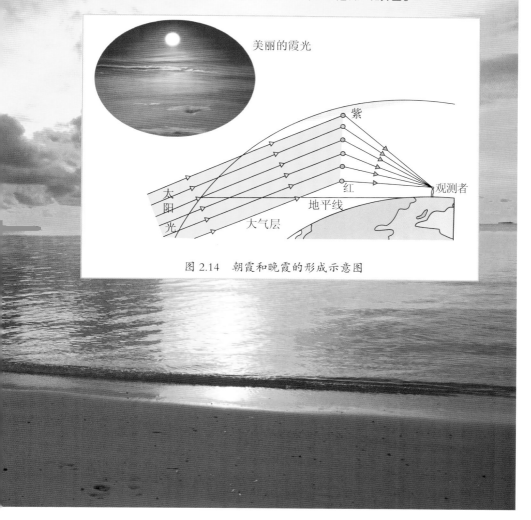

图 2.14　朝霞和晚霞的形成示意图

海市蜃楼

是指在炎热的夏天，在平静无风的海面、湖面或沙漠上，有时会突然出现栩栩如生的楼房、树木、轮船、行人等时隐时现的奇观。

海市蜃楼是地球上物体反射的光经大气折射而形成的虚像，气温的反常分布是大多数海市蜃楼形成的气象条件。

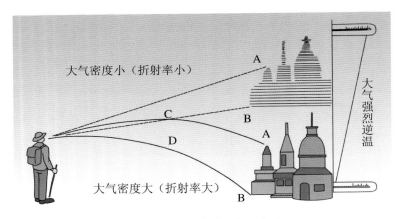

图 2.15　海市蜃楼形成示意图

图 2.16　海市蜃楼景像

华

是指日或者月光照到云雾上出现的紧绕日或者月边缘的彩色光环，色彩排列为内蓝外红，常见于高积云。

极光

是指由于太阳粒子流（太阳风）轰击高层大气气体使其激发或电离而出现的彩色发光现象，常在高纬地区高空出现。

3 气候和气候系统

气候

关于气候的概念见第 1 篇 "大气" 一节。

古气候 人类没有观测仪器之前的气候，即史前气候，包括历史时期和地质时期。对古气候来说，我们只能获得代用记录资料。

历史气候 人类文明出现后至仪器观测开始前的历史时期的气候。在中国约有五千年。

冰后期气候 晚更新世冰期结束之后的温暖气候。一般指 10000 ~ 11000 年以前开始至今的全新世气候。

第四纪气候 约 240 万年前以来第四纪的气候，其中包括几次冰期和间冰期的循环。

小冰期 全新世以来气温最低的一段时期，一般指公元 1430-1850 年。

气候系统

由大气圈、水圈、冰雪圈、岩石圈和生物圈五个圈层组成，各圈层之间有着密切而复杂的相互作用。气候系统概念取代经典的气候概念，可以看作是气候学的一次革命。在哲学上则是由机械论向系统论的一种转变（见图 3.1 ）。

图 3.1　气候系统示意图

大气圈　气候系统的主体部分。大气环流是严冬、酷暑、干旱、洪涝等气候异常现象发生的直接原因。

水圈　包括江河湖海，主要是海洋，它约占地球表面积的 70.8%。若只考虑 100 米深的表层海水，它能贮存的热量就占整个气候系统总热量的 95.6%，因此，海洋是整个气候系统的热量储藏库和调节器。

冰雪圈　指大陆冰盖、冰川、海冰、永冻土及季节性雪盖。目前全球陆地约有 10.6% 被冰雪覆盖，海冰占海洋面积的 6.7%，冰雪覆盖通过改变地表反照率和阻止地表（或海面）与大气间的热量交换，对地表热平衡产生很大影响。

岩石圈　由岩石构成的山地、高原、平原等各种地形部分的总称。该圈加上海陆分布以及海陆冷热源分布的变化，对大气产生动力学和热力学作用。

生物圈　地球表层生物（包括动物、植物、微生物）及其生存环境的总称。世界范围的植被变化，如过度放牧和滥伐森林、肆意垦荒，破坏了植被，从而改变了地表的物理状况。人类活动可使大气中的二氧化碳和气溶胶发生变化，对气候变化产生一定的影响。

气候带

五带模型 以南北回归线（南纬23.5°和北纬23.5°）和南北极圈（南纬66.5°和北纬66.5°）为界将地球分为5个气候带，即南北回归线之间的为热带，南北回归线和南北极圈之间的分别为南温带和北温带，南北极圈内的分别为南寒带和北寒带（见图3.2）。

气候带定义 围绕地球表面呈东西纬度方向带状分布、气候特征（温度、降水、自然景观等）基本一致的地带。

十一带模型 考虑气候带为多种因素综合作用的结果，于是更细一点把全球划分为11个气候带，即赤道带，南、北热带，南、北副热带，南、北暖温带，南、北冷温带，南、北极地带。这种分法是目前广泛采用的模型(见图3.2)。

大气候 即一般所指的气候，是指全球性和大区域的气候。

中气候 也称局地气候或地方气候，是指小范围自然区域的气候，如森林气候、城市气候、山地气候。

小气候 是更小范围的气候，它是由于下垫面的不均一性和人类活动所产生的近地面大气层中和土壤上层中的小范围内的气候，如农田小气候、森林小气候、水域小气候、建筑物小气候等。

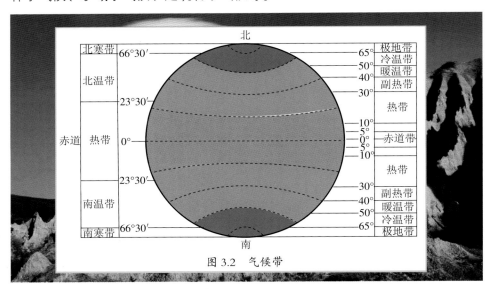

图 3.2　气候带

季风

夏季风　季风区夏季盛行的风，如夏季我国南方的东南风或西南风（见图3.3）。

冬季风　季风区冬季盛行的风，如冬季我国北方的东北风或西北风（见图3.3）。

> **季风**　指大范围盛行的风向随季节有显著变化的风系。一般来说，冬夏之间稳定的盛行风向相差达120°～180°。季风主要是由于海陆间热力差异的季节变化而导致气压差的季节变化形成的。

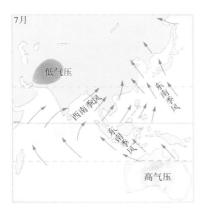
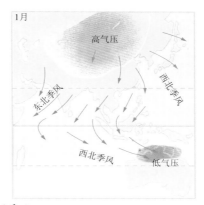

图 3.3　亚洲季风

四季划分

春暖、夏热、秋凉、冬寒，构成年复一年的四季冷暖更替特征。

天文四季　根据地球绕太阳公转的位置而划分的季节，即以"两分两至"为四季之始，从春分到夏至为春季，从夏至到秋分为夏季，从秋分到冬至为秋季，从冬至到春分为冬季。

欧美四季　按阳历月份，以3，4，5月为春季，6，7，8月为夏季，9，10，11月为秋季，12月及翌年1，2月为冬季。现在我国采用的四季分法与欧美各国的基本一致。

我国四季　我国古籍中多用立春、立夏、立秋、立冬作为四季的开始。即自立春到立夏为春季，自立夏到立秋为夏季，自立秋到立冬为秋季，自立冬到立春为冬季。

温度四季 又称气候四季。用候（1候等于5天）平均温度来划分的四季。候平均温度低于10℃为冬季，高于22℃为夏季，介于10～22℃之间为春季或秋季。气候四季的划分，考虑了各地区的差异，对为农业服务来说，比天文四季更符合实际一些。

二十四节气（见图3.4，附录七）
春雨惊春清谷天，夏满芒夏暑相连；
秋处露秋寒霜降，冬雪雪冬小大寒。
每月两节日期定，最多相差一两天；
上半年六二一，下半年八二三。

图3.4 二十四节气和相对应的太阳在黄道上的位置

三伏

伏是"藏伏"的意思，表示阴气受阳气所迫藏伏地下之意。借"伏"字表示盛夏季节。按照农历规定，从夏至开始，第三个庚日为初伏开始，第四个庚日为中伏开始，立秋后的第一个庚日为末伏开始。自入伏到出伏，每年整个三伏天在 7 月 12 日到 8 月 27 日内变动着，是一年中最热的时期。

数九

"数九"起源很早，最早文字记载见于公元 550 年南朝梁代宗懔著《荆楚岁时记》："从冬至日数起，至九九八十一日，为寒尽。"冬至后第一个九天为"一九"，第一天为"进九"，第二个九天为"二九"，依此类推，数到九个九天最后的一日，就到了"九尽"春来之时，谓之"出九"。

🌏 我国的气候特点

显著的季风特色　冬季多偏北和西北风；夏季盛行从海洋吹向大陆的东南风或西南风。降水多发生在偏南风盛行的夏半年 5—9 月。冬冷夏热，冬干夏雨。这种雨热同季的气候特点对农业生产十分有利。

明显的大陆性气候　我国大陆性气候的特征主要表现在气温的年、日变化大；冬季寒冷，南北温差悬殊；夏季炎热，全国气温普遍较高。

多样的气候类型　从热量上看，我国自南向北，跨越赤道带、热带、副热带、温带、寒温带。全国 87% 的国土面积为温带、副热带和热带。

🌐 我国五千年气候时期的划分

竺可桢根据考古资料及历史文献中丰富的气象学和物候学的记载提出我国近五千年来气候变化的趋势，大致划分为四个时期：

（1）约公元前3000年—公元前1100年的**温暖时期**。竺可桢把它称为"**考古时期**"，因为这一时期主要是根据考古发掘的遗迹来加以考证推断的。考古学家在山东历城县一处稍晚于仰韶文化的龙山文化遗址中，发现了炭化的竹节。现代竹类大面积的生长大体上已不超过长江流域。竺可桢据此认定五千年来竹类分布的北限大约向南后退1°～3°纬度，从而证实当时的年平均温度比现在高2℃左右。

（2）公元前1100年—公元1400年的**寒暖交错时期**。竺可桢把它称为**物候时期**。因为这一时期人们还没有观察气象的仪器，都用人眼来看降雨下雪，结冰开冻，树木抽芽发叶，开花结果，候鸟春来秋往等来判断寒来暑往，这就叫物候。根据有关物候的文字记载材料，这一时期可分为以下几个阶段：

1）从公元前1100年到公元前770年的西周前期，我国气候在长达两千年的第一个温暖期之后，进入了第一个短暂的寒冷期。

2）从公元前770年到公元初年的春秋、战国、秦、西汉时期，我国气候又转入第二个温暖期。

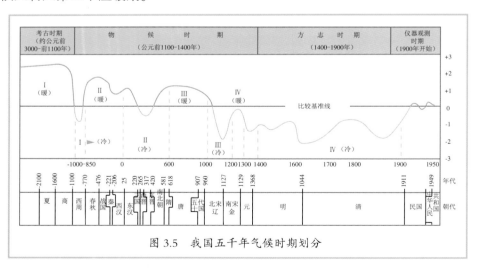

图 3.5　我国五千年气候时期划分

3）从公元初年到公元 600 年东汉、三国到南北朝时代，我国气候又转入第二个寒冷期。

4）从公元 600 年到 1000 年的隋、唐到北宋初期，我国气候又进入第三个温暖期。

5）从公元 1000 年到 1200 年的南宋时期，我国气候又转向第三个寒冷期。比如，公元十一世纪初期，华北已没有梅树了。著名的北宋诗人苏轼（1037—1101 年）有哀叹"关中幸无梅"的诗句。

6）从公元 1200 年到 1300 年的南宋中期到元代中期，我国气候又进入第四个温暖期。

（3）从公元 1400 年到 1900 年的清朝后期，我国又处于一个寒冷时期。竺可桢称这一阶段为**方志时期**。因为明清两代我国多数地方都有了方志，对区域性的气候变化有了更详细的记录，特别是对于各种异常的气候及其所引起的灾害，提供了可靠的资料。

在公元十五世纪到十九世纪的五百年中，是我国历史时期的第四个寒冷期。但是，这期间的气候仍有多次小的冷暖起伏，其间经历了三次寒冷的变化。

1）第一冷期 这次冷期从明成化六年（1470 年）起，到正德十五年（1520 年）止，大约持续了五十年左右的时间，

2）第二冷期 从明泰昌元年（1620 年）起，至清康熙五十九年（1720 年）止，长达一百年之久。其中特别是清顺治七年（1650 年）至康熙三十九年（1700 年）的十七世纪后半个世纪最为寒冷，是在这一整个寒冷期中最冷的时期。

3）第三冷期 从清道光二十年至光绪十六年（1840—1890 年）止的五十年间，进入第三冷期。

（4）公元 1900 年以来的**气候波动时期**。竺可桢称这一时期为**仪器观测时期**。

我国历史时期气候波动的总趋势 从竺可桢所划分的我国四次温暖气候时期和寒冷气候时期的交替变迁情况来看，历史时期气候波动总的趋势是：温暖时期一个比一个短，温暖程度一个比一个低。第一个温暖期历经两千年以上（从公元前 3000 年到公元前 1100 年左右），这是冰后期中最强的一个温暖时期，被称为"气候最宜时期"。当时我国北方的气候比现在温暖潮湿，我国古生物工作者在河北阳原县丁家堡水库地层中，发掘出野生象的遗齿和遗骨，证实夏代末到商代初，即公元前十八世纪前后，今桑干河中游一带也有野象分布。这一发现，把历史时期已知野象分布的北界，推到北纬四十多度。第二个温暖期历经七百多年（前 770 年到公元初年的秦、汉时代），象群栖息的北界迁移到了秦岭、淮河以南，即南移至北纬三十三度。进入 20 世纪后，我国的气候变化，大致以 40 年代为界，划分为前后两个阶段。从 19 世纪末期开始，到 20 世纪的 40 年代，是世界性的气候增暖时期，20 世纪初，我国每五年的年平均气温多数还在多年平均气温之下。20 世纪初期的增暖现象，到 40 年代已达到顶点。此后，我国就进入气温总的趋势是下降的时期，随后在 1958—1961 年，我国又开始明显转暖。

4 气候资源

气候资源

是指在一定的经济技术条件下能为人类生活和生产提供可利用的光、热、水、风、空气成分等物质和能量的总称。气候资源既是人类赖以生存和发展的条件，又作为劳动对象进入生产过程，成为工农业生产所必需的环境、物质和能量。

资源

泛指提供人类物质和能量的总体，自然资源是其主要内容，而气候资源又是自然资源的重要组成部分。

太阳辐射资源

太阳辐射是一种数量巨大的天然能源。太阳中氢的贮存量，足以维持太阳继续进行热核反应长达 60 亿年以上。地球每年从太阳获得的能量相当于人类现有各种能源在同期所能提供能量的一万倍左右。目前人类只利用了太阳能中十分微小的一部分。太阳辐射有光辐射、热辐射、太阳射电辐射和太阳微粒流辐射四种。前两种类型已经构成了重要的太阳能资源。

热量资源

热量资源是人类生产与生活所必需的一种资源。热量资源表示方法可分为三类：一是用时间长度来表示热量资源，常见的有无霜期，生长季，日平均气温 ≥ 0℃、5℃、10℃、15℃、20℃的持续日数等；二是用温度强度来表示热量资源，通常用年平均气温，最热和最冷月平均气温，极端最高和最低气温，气温日较差、年较差等；三是用热量的累积程度来表示热量资源，包括活动积温、有效积温、大于某一界限温度的积温等。积温是某一时段内逐日平均气温的累积值，单位为℃·日。

水资源

根据近年来的综合估计，积蓄在海洋、大气和陆地上的天然水资源总量约为 1.386×10^{18} 立方米。海洋水大约为 1.35×10^{18} 立方米，占97.4%；陆地水占2.6%；大气中的水分大约为 1.3×10^{13} 立方米。可见，总量如此之多的水中能被人类直接利用的却极为有限。

风能资源

据估算,全球可利用的风能每年约 2×10^{10} 千瓦,我国为 2.53×10^8 千瓦左右。

空气资源

人类生活在低层大气圈内，每时每刻都在呼吸着空气。医学数据表明，一个人5个星期不吃饭或5天不喝水，还可以存活，可是5分钟不呼吸空气就会死亡。一般人每天大约需要1.3千克食物，2.0千克水，而空气则需要13.6千克之多。可见，空气对于维持人的生命是非常重要的。

气象风景——大气旅游资源

定义 指能造景、育景并有观赏功能而吸引游者的大气现象或变化过程。

分类 大致分为三大类，即光景，如蜃景、宝光景、旭日（夕阳）景、彩虹景等；云雨景，如云雾景、雾凇（雨凇）景、冰雪景、雨景等；"风"景。

5　天气系统

🌏 天气系统

天气系统是指具有一定的温度、气压或风等气象要素空间结构特征的大气运动系统。

以空间气压分布为特征组成的，如高压、低压、高压脊、低压槽等。

以风的分布特征来分的，如气旋、反气旋、切变线等。

以温度分布特征来确定的，如气团、锋。

大气中各种天气系统的空间范围是不同的，水平尺度可从几千米到 1000 ～ 2000 千米。其生命史也不同，从几小时到几天都有。

🌏 大气环流

地球大气层中具有稳定性的各种气流运行的综合表现。一般是指较大范围内大气运动的长时间平均状态。

大气环流构成全球大气运行的基本形势，是全球气候特征和大范围天气形势的原动力。

控制大气环流的基本因素是太阳辐射、地球表面的摩擦作用、海陆分布和大地形等。

大气环流的主要表现形式有全球规模的东西风带、三圈环流（见图 5.1）、世界气候带的分布等。

三圈环流　　只受太阳辐射和地球自转影响所形成的环流圈。如图5.1所示，热带地区高空由热带流向副热带的气流与地面由副热带向热带流动的气流构成低纬环流圈，极地地区由高纬高空流向极地的气流与极地地面流向高纬的气流构成高纬环流圈，这两个称为直接环流（正环流）；中纬度地区自高纬高空流向副热带的气流与地面由副热带向高纬流动的气流构成中纬环流圈，这个称为间接环流（反环流）。它是大气环流的理想模式。由于下垫面条件不同，三圈环流的模式很容易被打破，形成季风、海陆风、山谷风、焚风和峡谷风等（注：关于热带和副热带的概念参见第1篇"气候带"一节）。

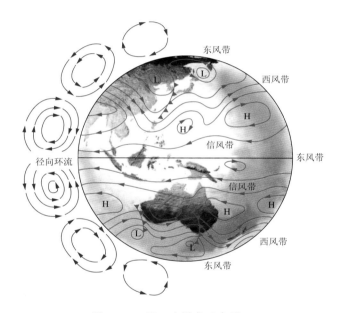

图 5.1　三圈环流模式示意图

低气压（气旋）

　　又称低压、气旋。是指同一水平面上气压比周围地区低的大气涡旋。

　　在北半球，低压中的风是按逆时针方向旋转并斜穿等压线向低压中心吹的。因此，在低层，四周的空气向中心辐合，形成了低压中心附近空气的上升运动（见图5.2）。

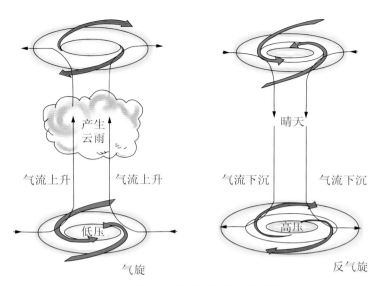

图 5.2 北半球气旋与反气旋

影响我国的温带气旋主要有以下几种：

江淮气旋 在淮河流域和长江中下游一带形成并发展的锋面气旋，春季最为多见。江淮气旋对华东及东部海区影响很大，常会有降雨天气甚至暴雨出现，气旋西部有偏北大风，东部有强东南风，对东海、黄海的海上运输、作业和渔业危害很大。

黄河气旋 生成于河套及黄河下游地区的锋面气旋，夏季出现的几率最高。它常可造成华北、东北南部和山东等地的大雨或暴雨，入海后有的会产生强烈大风。

蒙古气旋 源于蒙古国的锋面低压系统，春季和秋季最为多见。蒙古气旋对我国北方的天气影响很大，主要表现为大风、扬沙和降雨，尤其以大风最为突出。我国北方的春季大风天气多与该气旋影响有关。

低压槽 从低压区中延伸出来的狭长区域称为低压槽，简称为槽。即气压低于毗邻的三面而高于另一面，在天气图上，是等压线或等高线不闭合略呈"U"形或倒"U"形的低压区域（像水槽，中间气压低，两侧气压高）。低压槽一般从北向南伸展。凡从南向北伸展的槽称为倒槽，从东向西伸展的槽称为横槽。槽中各条等压线或等高线弯曲最大处的连线称为槽线。在低压槽附近易产生气旋等天气系统，并常伴有雨雪、大风、降温等天气（见图5.3）。

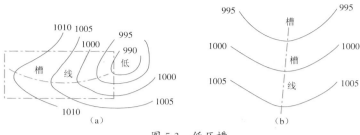

图 5.3　低压槽

🌐 高气压（反气旋）

又称高压、反气旋。是指同一水平面上中心气压较四周高的气压系统。

在北半球，高压中的风是按顺时针方向斜穿等压线向外吹的。高压控制下的天气多为晴朗少云（图 5.2）。活动于我国的高压，夏季主要是太平洋高压（或称副热带高压），冬季主要是蒙古冷高压。

蒙古冷高压　又称蒙古高压或亚洲高压，是冬季亚洲地区最强大的高压系统。冬季电视天气预报中提到的大陆冷高压一般是指蒙古高压，该高压的主体通常位于蒙古高原，当条件有利时，蒙古高压会向东南扩展，这就是冷空气爆发。携带有风雪的冷锋过后，便是转受蒙古冷高压控制了。晴朗少云，气压高，气温低，湿度小，是该高压控制下的典型天气特征。

高压脊　是高压向外伸出的狭长部分，即三面气压较低而一面气压较高的天气系统。在天气图上，是等压线或等高线不闭合而略呈 U 形或倒 U 形突出的高气压区域。其中等压线或等高线的反气旋（北半球顺时针）曲率为最大值各点的连线称为脊线。高压脊内一般云雨较少，天气晴好（图 5.4）。

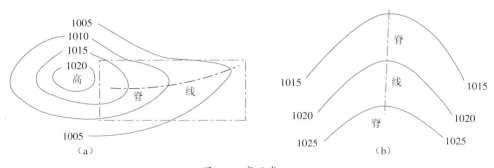

图 5.4　高压脊

副热带高压

简称副高。产生在广大副热带地区（北纬及南纬 20°～40°）的稳定少动的暖性高压。由副高区延伸出来的狭长区域，称副热带高压脊；副热带高压的边缘地区称为副高边缘；副高脊中各条等高线曲率最大处的连线，称为副高脊线。位于西太平洋地区和青藏高原地区的副热带高压称为西太平洋副高和青藏高压。西太平洋副热带高压一般呈现右开口"U"形高压脊的分布特点（见图 5.5）。

西太平洋副热带高压的季节变化 从 1 月到 7 月，副热带高压主体呈现出向北、向西移动和强度增强的趋势；从 7 月到下一年 1 月，副热带高压主体则有向南、向东移动和强度减弱的动向。

副热带高压区的天气特点 其东部是强烈的下沉运动区，下沉气流因绝热压缩而变暖，所控制地区会出现持续性的晴热天气。其西部是低层暖湿空气辐合上升运动区，容易出现雷阵雨天气。

图 5.5 副热带高压与我国天气的关系

🌍 气团

在水平方向上气温、湿度等物理属性比较均匀的空气团。其水平范围一般可达数千千米。

依据气团移动时与所经下垫面之间的温度对比来划分，气团可分为冷气团和暖气团两类。如果气团是向比它暖的地区移动便称为冷气团。如果气团是向比它冷的地区移动，便被称为暖气团（见图 5.6）。

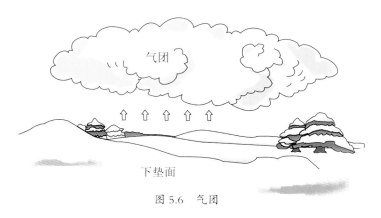

图 5.6　气团

冷气团移来时，气温将下降，常出现阵雨、雷雨等对流性天气。暖气团侵入时，气温将升高，常出现雾、毛毛雨等稳定性天气。

🌍 锋

大气中不同属性的气团（如冷气团和暖气团）之间的倾斜界面。也就是这两种气团之间的一个狭窄的过渡带（见图 5.7）。

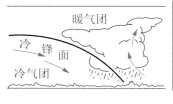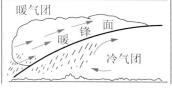

图 5.7　锋的形成示意图

锋的水平长度为数百千米至数千千米，水平宽度却很窄，在近地面层仅有数十千米，因此，可以将它看成一个面，称为锋面。锋面与地面的交线，叫做锋线。

　　锋面在空间呈倾斜状态，它的下面是冷气团，上面是暖气团。根据锋两侧冷、暖气团的移动情况可将锋分为冷锋、暖锋、准静止锋和锢囚锋等几种类型。

　　冷锋　　当冷气团推动暖气团，而使锋面向暖气团一方移动时，这种锋称为冷锋。冷锋过境前后常伴有雨雪天气，而且气压上升，气温和湿度下降，风向转为偏北，风力明显加大。

　　暖锋　　当暖气团推动冷气团，而使锋面向冷气团一方移动时，这种锋称为暖锋，即天气预报解说中提到的暖空气前锋。暖锋过境之前，常有连续性降雨。暖锋过境后，气温和湿度上升，南风加大，气压无明显变化。

　　准静止锋　　当冷、暖气团势均力敌时，其间的锋面便很少移动，这时的锋称作准静止锋，简称为静止锋。在我国华南、天山和云贵高原等地区常见到冷锋由于受到高山阻挡而形成的静止锋。

　　锢囚锋　　是暖气团、冷气团、更冷气团三种不同性质的气团互相依存又互相斗争的结果。它是由冷锋追上了暖锋，或者是相向而行的两条冷锋相遇，把原来的暖气团抬挤到空中而形成的锋。

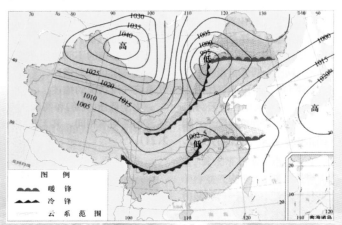

切变线

　　是指风向或风速的不连续线，实际上也是两种相互对立气流间的交界线。或者说，切变线是风向或风速发生急剧改变的狭长区域。

切变线与锋不同，在切变线两侧温度差异不明显，但风的水平气旋式切变很大。切变线在地面和高空都可出现，但主要出现在 700 百帕或 850 百帕高空。切变线上的降水量分布很不均匀，常在辐合较强、水汽供应充沛的地区形成暴雨。

我国的切变线活动　一年四季均可出现，但以春末夏初最为频繁。春季活动在华南，称为华南切变线；春夏之交多位于江淮流域，称为江淮切变线；7 月中旬至 8 月主要出现在华北地区，称为华北切变线。

🌐 干冷气流和暖湿气流

干冷气流

定义　是指气流中水汽含量较少且气温较低的比较干燥而寒冷的气流。它的源地，多在寒冷的北极和西伯利亚高寒地带（见图 5.8）。

对我国的影响　秋冬季节，干冷气流引导极地及其附近地区的冷气团呼啸南下，所经之地，狂风大作，风雪交加。当其引导冷空气南下进入我国时，常造成我国北部大部分地区乃至全国的强冷空气甚至寒潮天气。夏季，干冷气流所引导的冷空气南下，会给经受酷暑的人们带来丝丝凉意。

暖湿气流

定义　是指温度较高且水汽较多的位于 1500～5500 米高空的偏南气流。它的源地，多在常夏无冬的热带洋面上（见图 5.8）。

对我国的影响　它能为降雨区输送高温和丰沛的水汽，其生、消、进、退决定着我国的降水分布及强度。向我国大陆输送水汽的暖湿气流有三个来源：来自孟加拉湾的西南暖湿气流、来自南海的偏南暖湿气流和来自西北太平洋西部的东南暖湿气流。

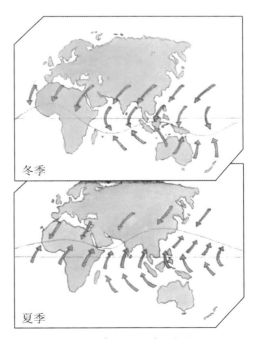

图 5.8　干冷气流和暖湿气流

6 天气预报

天气预报

是指对未来某时段内（参见"天气预报的时效"）某一地区或者部分区域可能出现的天气状况所作的预测。

天气预报的过程，大致分为四个步骤，即观测——数据收集——分析——预报。概括起来说，气象工作者根据各地气象观测站探测得来的地面、高空气象资料，绘制成各种天气图表，再结合从气象卫星上接收的卫星云图以及气象雷达探测得来的回波资料，进行综合分析，然后进行天气会商，好比医院的"会诊"，大家各抒己见后，由值班预报员归纳，综合作出每一次的天气预报。首先作出天气形势预报，再根据预报的天气形势作出具体的气象要素的预报，包括温度、湿度、风、降水和强对流天气等。

天气预报的方法

主要有传统的天气图方法、数值天气预报以及统计订正方法。

天气图 类似于军事地图的一种图，是一种填绘了各地同一时刻天气实况的地图。

天气图的制作 一般是经过观测、通信、填图、分析四道工序制作出来的。

在天气图上，除填有各地在同一时刻的观测资料外，要描绘出等值线，在地面天气图上，把气压相等的点连接起来所成的曲线叫等压线。在高空等压面图上，把高度相等的点连接起来所成的曲线称为等高线。而把气温相等的点连接起来所成的曲线叫等温线。还要定出高压、低压等天气系统，标出降水、大风等天气区，而且要用不同颜色的铅笔勾画出来。比如地面天气图上冷锋、暖锋、准静止锋、锢囚锋分别用蓝色、红色、紫色实线绘出，低压和高压中心处分别写上红色汉语拼音字母 D 和蓝色汉语拼音字母 G。降水区用绿色、雷暴区用红色、雾区用黄色、大风或沙尘暴区用棕色，勾画出其范围。

天气图的分类 有地面天气图和高空天气图之分。

天气预报的时效

天气预报按预报时效可以划分为 0 ~ 2 小时临近预报，2 ~ 12 小时短时预报，12 ~ 48 小时短期预报和 48 ~ 240 小时中期预报。

地面天气图用于分析大范围地区某个时刻的地面天气系统和大气状况，在其上分析高低压系统，确定锋的位置，标出天气现象所在的位置以及影响范围。

高空天气图用于分析高空的天气系统和大气状况，比如高空低压槽、高压脊等。

天气图预报方法　预报员利用天气图等各种图表，基于天气系统过去的演变历史，根据物理学原理、天气学概念模型和个人经验对天气系统今后的演变进行外推，来预测未来天气的变化。实际上，天气图预报是一种半经验性的预报方法。

天气形势及其预报　通过分析等压线、等高线，可明显地绘出高压、低压、锋以及低压槽、高压脊等的位置，通常把这些能够反映天气变化和分布的天气系统相互联系与制约的形势称为天气形势。气象工作者在作天气预报时，首先要对天气系统进行分析，并作出天气形势预报。

数值天气预报　数值天气预报是以流体力学、大气动力学、热力学理论为基础，以计算数学和电子计算机为实现手段的近代天气预报方法（见图 6.1）。

统计天气预报　是利用统计数学进行天气预报的一种客观方法，它是根据大量的历史气象资料，从复杂的天气现象和气象要素中，找出与预报对象相关关系密切的因子，作为预报依据，然后采用一定概念的统计方法，将选择的因子与预报量之间建立客观联系，找出统计规律，以此来预测未来天气。

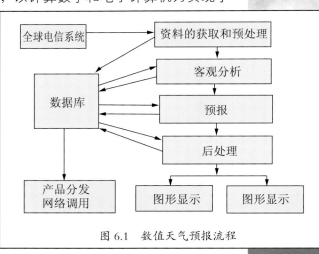

图 6.1　数值天气预报流程

天气预报用语简介

天空状况用语

（1）晴天、少云

晴天：天空无云，或有零星的云块，但中、低云云量不到天空的 1/10，或高云云量不到天空的 4/10。

少云：天空有 1/10 ~ 3/10 的中、低云，或有 4/10 ~ 5/10 的高云。

（2）多云、阴天

多云：天空云量较多，有 4/10 ~ 7/10 的中、低云，或有 6/10 ~ 8/10 的高云。

阴天：中、低云云量占天空面积的 8/10 及以上，或天空虽有云隙但仍有阴暗之感。

温度用语

今天最高温度　指今天白天出现的最高气温。受太阳辐射的影响，最高气温一般出现在 14 时左右。

明晨最低温度　指第二天早晨出现的最低气温，一般出现在清晨 06 时左右。

时间用语

白天：08—20 时（北京时，下同）

凌晨：03—05 时

早晨：05—08 时

上午：08—11 时

中午：11—13 时

下午：13—17 时

傍晚：17—20 时

夜间：当日 20 时—次日 08 时

上半夜：20—24 时

下半夜：次日 00—05 时

半夜：当日 23 时—次日 01 时

明天最低温度 受冷空气影响等原因，有时最低气温不是出现在明天早晨，而是出现在明天白天，气象台站往往用"明天最低气温"这个用语。

降水用语

零星小雨：降水时间很短，24小时降雨量不超过0.1毫米。

阴有雨：降雨过程中无间断或间断不明显的现象。

阴有时有雨：降雨过程中时阴时雨，降雨有间断的现象。

阵雨：是指雨势时大、时小、时停，雨滴下落和停止都很突然的液态降水。

雷阵雨：指降水时伴有雷声或闪电。

毛毛雨：指稠密、细小而十分均匀的液态降水，下落情况不易分辨，看上去似乎随空气微弱的运动飘浮在空中，徐徐下落。迎面有潮湿感，落在水面无波纹，落在干地上只是均匀地润湿地面而无湿斑。

局部地区有雨：指降水地区分布不均匀，有的地方下，有的地方不下。

雨夹雪：在降水时，有雨滴同时夹带雪花。

雨转雪：当时下雨，不久将转变为降雪。

冻雨：又称雨凇。指过冷却液态降水碰到地面物体后直接冻结而成的坚硬冰层，呈毛玻璃状，外表光滑或略有隆突。

风的用语

（1）风向的划分

天气预报中的风向系指风的来向，一般用八个方位表示，即：北、西北、西、西南、南、东南、东、东北。

（2）风力等级的划分

风力等级是根据风对地面（或海面）物体的影响程度来定的。气象部门根据风力大小对地面物体的影响程度作了形象化的表述，用来判断风的等级（见附录二）。

（3）阵风

在风力较大时，气象台在风力的预报中，常常加上"阵风"，如风力 5 ～ 6 级，阵风 7 级，或风力 7 ～ 8 级，阵风 9 级。意思是：一般（或平均）风力 5 ～ 6 级（或 7 ～ 8 级），最大风力可达 7 级（或 9 级）。"阵风"有短时间或瞬间最大可达的意思。

常用民歌来记忆：

0 级风，炊烟笔直向上冲。

1 级风，炊烟随风向飘动。

2 级风，轻风拂拂吹脸面。

3 级风，微枝摇动红旗展。

4 级风，树枝摇动吹纸片。

5 级风，小树摇动水有波。

6 级风，大树摇动举伞难。

7 级风，全树摇动树枝弯。

8 级风，树枝折断行路难。

9 级风，树木受损屋顶坏。

10 级风，刮倒树木和房屋。

11 级，12 级，陆上很少见。

（4）风向的转变

当未来风向变化达 90° 或 90° 以上时，在风向的预报中一般要加"转"字，如 "今天夜里偏南风，明天白天起转偏北风"等。

地区划分

（1）全国范围

西北：包括新疆、青海、宁夏、甘肃、陕西等省（区）。

华北：包括内蒙古、山西、河北、北京、天津等省（区、市）。

东北：包括黑龙江、辽宁、吉林三省。

青藏高原：青海、西藏的高原地带，大约在 28°～38° N、80°～105° E 之间的高原地区。

黄淮：黄河、淮河流域之间的广大地区。

江淮：长江、淮河流域之间的广大地区。

长江中下游地区：包括湖南、湖北、江西、安徽、江苏等省的大部分地区和上海市。

（2）省区、地市范围（由各省、区、市自行决定）

（3）其他

气象台的天气预报中，在阐述天气形势演变过程时往往用到乌拉尔山、西伯利亚、鄂霍次克海、孟加拉湾和西北太平洋等区域，具体为：

乌拉尔山地区：大体包括 50°～70° N、50°～70° E 之间地区。

西伯利亚地区：大体包括 50°～70° N、80°～120° E 之间地区。

鄂霍次克海地区：大体包括 45°～60° N、140°～160° E 之间的海域地区。

孟加拉湾地区：大体包括 15° N 以北、印度半岛与中南半岛之间的海域。

西北太平洋地区：大体包括赤道以北、180° E 以西的太平洋海域。

此外，在电视天气预报的屏幕上，我们会见到一些特制的符号，即天气图形符号（见附录六）。

🌐 大气探测

借助各种仪器与装备对大气的物理和化学特性进行直接或者间接的探测。

地面观测　在地面上（除高空观测外）进行的气象观测。

（1）**观测场**　按一定要求选址并按一定要求布置气象仪器进行气象观测的场地（见图6.3）。

（2）**百叶箱**　安置测量温度、湿度仪器并使其免受太阳直接辐射，而又保持适当通风的白色百叶式木箱。

（3）**自动气象站**　一种无人操作，能自动定时观测、发报或记录的地面气象观测站（见图6.2）。

图 6.2　自动气象站

图 6.3　气象观测场

高空观测　对自由大气各气象要素的直接或者间接观测。

（1）**探空仪**　通过自身携带感应器或者无线电遥测方法测量自由大气各种要素的仪器的总称。

（2）**探空气球**　把探空仪带到高空进行温度、湿度、气压、风等气象要素测量的气球（见图 6.4）。

图 6.4　气象工作者在施放探空气球

（3）**廓线仪** 用主动或者被动遥感原理测定自由大气各要素垂直分布的各种电子设备系统的总称。

气象雷达

（1）**定义** 雷达是一个外来语，是英文词组缩写"radar"的音译，它的实际意思是"无线电探测与测距"，即用无线电的方法来发现并测定空间目标物位置。

气象雷达是探测气象要素、天气现象等的雷达的总称。主要包括天气雷达、测风雷达、风廓线雷达等。

（2）**气象雷达工作原理** 气象雷达工作时，发出的电磁波在传播过程中，遇到云层、雨滴等就会反射回来，气象工作者接收这种回波，根据回波的性质和形状，便可测知在几十到几百千米之外所遇到的云雨的方位和位置，也可分析出降水的性质和强度（见图6.5）。

图 6.5 气象雷达工作原理

图 6.6 我国第一部多普勒天气雷达—合肥雷达站

（3）**回波**　信号传输过程中从一个或多个点反射回来的信号。与原信号相比，具有明显的幅度和时间上的差异。气象雷达回波是指由雷达发射经大气及其悬浮物散射或者反射而返回被雷达天线所接收的电磁波，它可以在荧光屏上显示出来。

（4）**天气雷达**　用于对云、降水等现象进行观测的雷达。

（5）**测风雷达**　运用雷达追踪探空气球携带的目标物，获取高空的风资料的电子设备。

（6）**多普勒天气雷达**　采用多普勒技术对云、降水等天气现象进行探测的雷达。

气象卫星

（1）**定义**

携带仪器、装置对地球进行气象观测的人造地球卫星。它在太空沿着固定的轨道运行，远在离地面几百千米，甚至几万千米的大气层之外的太空，不是把温度表、湿度表、风向标等气象仪器放在大气中来直接感应大气的温度、湿度、风等，而是采取遥感技术，通过卫星上携带的探测仪器，接收来自地球的被测目标（比如云、陆地、植被、海洋）发射或反射的电磁辐射信息来间接地检测出地球大气状况的。

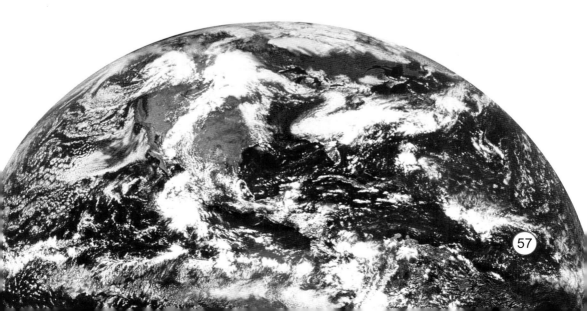

（2）分类

一类叫极轨气象卫星，又称太阳同步气象卫星。在它运行过程中，每条轨道都经过地球南北极附近的上空，距地面高度为 800 ～ 1000 千米，每天围绕地球运行 14 圈。

另一类叫静止气象卫星，又称地球同步气象卫星。它位于地球赤道上空36000 千米的高度上，由于它围绕地球旋转的角速度与地球自转的角速度相同，看上去好像"静止"在赤道上空似的。它的观测面积约占地球表面的三分之一，即以卫星星下点为圆心，大约 50 个经纬度的圆形区域。它可以每半小时或更短一点时间"拍摄"约 1.7 亿平方千米面积的一张云图。

我国自 1988 年开始有了自己的气象卫星，风云一号和风云三号属于极轨气象卫星，风云二号属于静止气象卫星（见图 6.7，图 6.8 ）。

卫星云图 由卫星携带的仪器自上而下探测到地球上的云层覆盖和地球表面特征的图像。

大气遥感 从远处感应大气或其中悬浮粒子辐射或散射的各种电磁波或声波的强度，以确定大气的化学组成、物理状态和运动情况的方法和技术。

主动遥感技术 通过发射电磁波或其他波（如声波）束，接收由被测目标反射或散射的回波进行遥感的探测方法。

被动遥感技术 通过接收被测目标的电磁辐射或其他信息源（如声波、大气力学波）进行遥感的探测方法。

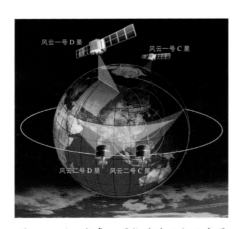

图 6.7 风云气象卫星绕地球运行示意图

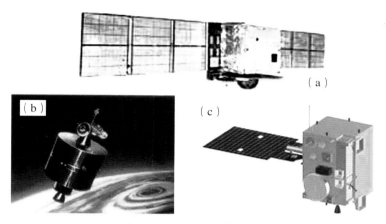

图 6.8 我国风云气象卫星
a：风云一号，b：风云二号，c：风云三号

天基观测 传感器位于地球大气层以外的观测平台（如航天飞机、气象卫星等）上进行的气象观测。

空基观测 传感器位于地球表面以上大气层的观测平台（如飞机、气球）上进行的气象观测。

地基观测 在地面观测平台（如气象站观测场）上进行的气象观测。

图 6.9 为由天基、空基、地基观测设施组成的全球气候立体综合观测系统示意图。

图 6.9 全球气候综合观测系统示意图

🌐 人工影响天气

是指应用各种技术和方法使某些局部天气现象朝预定的方向转化（见图 6.10）。

人工增雨

人工增雨是在有利于降水的天气条件下，采取人工干预的方法，在自然降雨之外再增加部分降雨的一种科学手段。它的作用原理是通过飞机向云体顶部播撒碘化银、干冰、液氮等催化剂，或用高炮、增雨火箭，将装有催化剂的炮弹等发射到云中，并在云体中爆炸，对局部范围内的空中云层进行催化，增加云中的冰晶；能够让云中的小水滴相互凝结，使云中的水滴或冰晶体积增大、重量增加。当空气中的上升气流托不住增大后的水滴时，这些水滴就会从天而降。

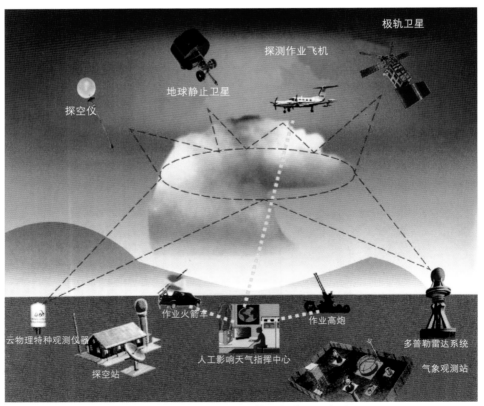

图 6.10 人工影响天气监测与作业示意图

人工消雹

向云中施放碘化银或碘化铅等催化剂，使云中冰晶数目增多，冰晶形成雹胚时会消耗大量的过冷云滴，使所有的雹胚都无法长得太大。消雹可以利用飞机、高射炮、火箭等，在雷达的监测下，向雹云中发射人工成冰剂。人工消雹也可以采用空中爆炸作业的方法。爆炸发生后，由于冲击波的作用，大冰雹会破碎，变为小冰雹或雨滴下降。

人工消雾

用人工播撒催化剂、人工扰动空气混合或在雾区加热等方法，从而使雾消散。

人工消雨

其原理与人工增雨相似，但也有所区别。人工消雨有两种方式。一是在目标区的上风方，通常是 60 ~ 120 千米的距离，进行人工增雨作业，让雨提前下完；二是在目标区上风方，通常是 30 ~ 60 千米的距离，往云层里超量播撒冰核，使冰核含量达到降水标准的 3 ~ 5 倍，冰核数量多了，每个冰核吸收的水分就少，从而无法形成足够大的雨滴。

7 气候变化

气候变化

定义 是指气候平均状态统计学意义上的巨大改变或者持续较长一段时间（典型的为 10 年或更长）的气候变动。是气候演变、气候变迁、气候振动等的统称。

气候演变 由于地壳构造活动（如大陆漂移、造山运动、陆海分布的大尺度变化等）和太阳变化引起的很长时间尺度（超过百万年）的气候变化。

气候变迁 气候要素 30 年或者更长时间平均值的变化。

气候振动 除去趋势与不连续以外的规则或不规则气候变化，至少包括两个极大值（或极小值）及一个极小值（或极大值）。例如，人们发现赤道地区平流层有东风与西风逐年交替现象，这种纬向振动周期平均为 26 个月，由于周期略长于两年，故称为准两年周期。

冰期 是指地球上气候寒冷，极地冰盖增厚、广布，中、低纬度地区有时也有强烈冰川作用的地质时期，又称大冰期。其中气候较寒冷的时期称亚冰期，较温暖的时期称间冰期。冰期、亚冰期和间冰期都是依据气候划分的地质时间单位。在地质史的几十亿年中，全球至少出现过 3 次大

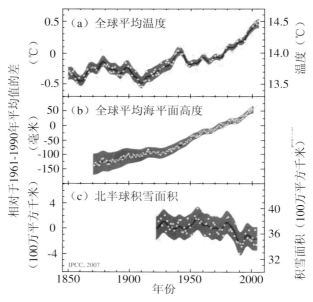

图 7.1　近百年来全球平均温度、海平面高度
和北半球积雪面积的变化

冰期,公认的有前寒武纪晚期大冰期、石炭纪—二叠纪大冰期和第四纪大冰期。冰川活动过的地区,所遗留下来的冰碛物是冰川研究的主要对象。第四纪冰期冰碛层保存最完整,分布最广,研究也最详尽。

　　第四纪大冰期由 4 次亚冰期和 3 次间冰期组成。第四纪最大的亮点是从灵长类动物中分化出一支猿类——类人猿。它们通过集体生活和劳动,逐渐演变成今日的人类。

　　第四纪大冰期的全球性冰川活动约从距今 200 万年前开始直到现在,是地质史上距今最近的一次大冰期。在这次大冰期中,气候变动很大,冰川有多次进退,世界各地的亚冰期和间冰期的次数和时间并不完全相同,每次冰期的具

体时间也有争议。在我国，这一时期也相应地出现了鄱阳亚冰期（137 万 ~ 150 万年前）、大姑亚冰期（105 万 ~ 120 万年前）、庐山亚冰期（20 万 ~ 32 万年前）与大理亚冰期（1 万 ~ 11 万年前）4 个亚冰期。在亚冰期内，平均气温约比现在低 8 ~ 12℃。在距今 1.8 万年前的第四纪冰川最盛时期，年平均气温比现在低 10 ~ 15℃。

　　而间冰期时，气候转暖，海平面上升，大地又恢复了生机。其中在两个亚冰期之间的间冰期内，气温比现在高。

　　现在，我们的地球仍处于第四纪大冰期中的亚冰期与间冰期之间。

气候变化原因

　　在漫长的地球历史中，气候始终处在不断地变化之中。

　　究其原因，概括起来可分成自然的气候波动与人类活动的影响两大类。前者包括太阳辐射的变化、火山爆发等。后者包括人类燃烧矿物燃料以及毁林引起的大气中温室气体浓度的增加、硫化物气溶胶浓度的变化、陆面覆盖和土地利用的变化等（见图 7.2）。

　　关于人类活动对气候变化的影响，越来越多的研究表明，近百年人类活动加剧了气候变化的进程。最新发表的权威报告——联合国政府间气候变化专门委员会（IPCC）第四次评估报告第一工作组报告的决策者摘要指出，人类活动与近 50 年气候变化的关联性达到 90%。

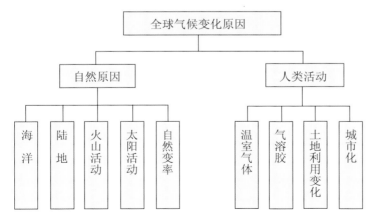

图 7.2　气候变化原因示意图

🌐 温室效应

大气能使太阳短波辐射到达地面，但地表向外放出的长波热辐射却被大气吸收，这样就使地表与低层大气温度增高，因其作用类似于栽培农作物的温室，故名温室效应（见图7.3）。假若没有大气，地球表面的平均温度不会是现在适宜的15℃，而是十分低的 −18℃。

温室气体 是指能够产生温室效应的气体。大气中的温室气体主要是二氧化碳，还有甲烷、一氧化二氮、氯氟碳化合物、臭氧、水汽等。

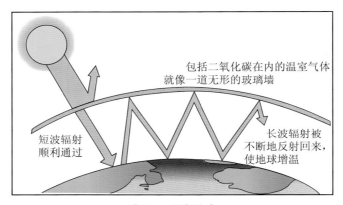

包括二氧化碳在内的温室气体就像一道无形的玻璃墙

短波辐射顺利通过

长波辐射被不断地反射回来，使地球增温

图 7.3　温室效应

🌐 城市热岛效应

是指城市中的气温明显高于外围郊区的现象。在近地面温度图上，郊区气温变化很小，而城区则是一个高温区，就像突出于海面的岛屿，由于这种岛屿代表高温的城市区域，所以就被形象地称为城市热岛。城市热岛效应使城市年平均气温比郊区高出1℃甚至更多。夏季，城市局部地区的气温有时甚至比郊区高出6℃以上（见图7.4 ）。

暖冬

北半球某年某一区域冬季（一般为当年12月至次年2月）平均气温比气候平均值（比如1971—2000年的30年平均值）偏高时，可认为该年该区域为暖冬。

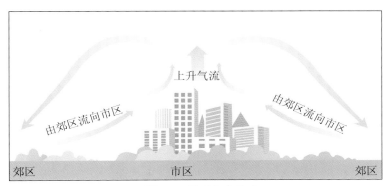

图 7.4　城市热岛效应

世界性气候公约

《联合国气候变化框架公约》 简称《框架公约》，英文缩写 UNFCCC。是 1992 年 5 月 22 日联合国政府间谈判委员会就气候变化问题达成的公约，于 1992 年 6 月 4 日在巴西里约热内卢举行的联合国环发大会上通过。公约于 1994 年 3 月 21 日正式生效。截至 2009 年 12 月 7 日到 19 日缔约方第 15 次会议在丹麦首都哥本哈根举行为止，加入该公约的缔约国增加至 192 个。

《联合国气候变化框架公约》是世界上第一个为全面控制二氧化碳等温室气体排放，以应对全球气候变暖给人类经济和社会带来不利影响的国际公约，也是国际社会在应对全球气候变化问题上进行国际合作的一个基本框架。公约由序言及 26 条正文组成。这是一个有法律约束力的公约，旨在控制大气中二氧化碳、甲烷和其他造成"温室效应"的气体的排放，将温室气体的浓度稳定在使

　　政府间气候变化专门委员会 1988 年，世界气象组织和联合国环境署共同成立了政府间气候变化专门委员会，英文缩写为 IPCC。其主要任务是：以综合、客观、开放和透明的方式来评估那些与人类活动引起的气候变化的风险有关的科学的、技术的和经济社会的信息，它们的潜在影响以及适应和减缓选择。下设三个工作组，第一工作组的任务是评估气候系统和气候变化的科学认知现状；第二工作组主要评估气候变化对经济社会的影响和适应对策；第三工作组讨论减缓气候变化的各种对策问题。

气候系统免遭破坏的水平上。公约对发达国家和发展中国家规定的义务以及履行义务的程序有所区别。公约要求作为温室气体的排放大户的发达国家，采取具体措施限制温室气体的排放，并向发展中国家提供资金以支付他们履行公约义务所需的费用。而发展中国家只承担提供温室气体源与温室气体汇的国家清单的义务，制订并执行含有关于温室气体源与汇方面措施的方案，不承担有法律约束力的限控义务。公约建立了一个向发展中国家提供资金和技术，使其能够履行公约义务的资金机制。

《京都议定书》 又译为《京都协议书》、《京都条约》，全称《联合国气候变化框架公约的京都议定书》。是《联合国气候变化框架公约》的补充条款，是 1997 年 12 月在日本京都由《联合国气候变化框架公约》第三次缔约方大会制定的。其目标是"将大气中的温室气体含量稳定在一个适当的水平，进而防止剧烈的气候改变对人类造成伤害"。《京都议定书》的签署是为了人类免受气候变暖的威胁。发达国家从 2005 年开始承担减少碳排放量的义务，而发展中国家则从 2012 年开始承担减排义务。

中国于 1998 年 5 月签署并于 2002 年 8 月核准了该议定书。条约于 2005 年 2 月 16 日开始强制生效，到 2009 年 2 月，一共有 183 个国家签署了该条约（超过全球排放量的 61%）。

美国曾于 1998 年签署了《京都议定

书》。但 2001 年 3 月，布什政府以"减少温室气体排放将会影响美国经济发展"和"发展中国家也应该承担减排和限排温室气体的义务"为借口，宣布拒绝批准《京都议定书》。

《巴厘岛路线图》 2007 年 12 月 3 日，《联合国气候变化框架公约》第十三次缔约方大会在印度尼西亚巴厘岛举行，12 月 15 日，联合国气候变化大会通过了《巴厘岛路线图》，启动了加强《框架公约》和《京都议定书》全面实施的谈判进程，致力于在 2009 年年底前完成《京都议定书》第一承诺期 2012 年到期后全球应对气候变化新安排的谈判并签署有关协议。

《巴厘岛路线图》的主要内容包括：大幅度减少全球温室气体排放量，未来的谈判应考虑为所有发达国家（包括美国）设定具体的温室气体减排目标；发展中国家应努力控制温室气体排放增长，但不设定具体目标；为了更有效地应对全球变暖，发达国家有义务在技术开发和转让、资金支持等方面，向发展中国家提供帮助；在 2009 年年底之前，达成接替《京都议定书》的旨在减缓全球变暖的新协议。《巴厘岛路线图》首次将美国纳入到旨在减缓全球变暖的未来新协议的谈判进程之中，要求所有发达国家都必须履行可测量、可报告、可核实的温室气体减排责任。另外，《巴厘岛路线图》还强调必须重视适应气候变化、技术开发和转让、资金三大问题。

节能减排

就是节约能源、降低能源消耗、减少污染物排放。节能减排有广义和狭义之分，广义而言，节能减排是指节约物质资源和能量资源，减少废弃物和环境有害物（包括"三废"和噪声等）排放；狭义而言，节能减排是指节约能源和减少环境有害物排放。

《中华人民共和国节约能源法》所称节约能源（简称节能），是指加强用能管理，采取技术上可行、经济上合理以及环境和社会可以承受的措施，从能源生产到消费的各个环节，降低消耗、减少损失和污染物排放、制止浪费，有效、合理地利用能源。《中华人民共和国节约能源法》指出："节约资源是我国的基本国策。国家实施节约与开发并举、把节约放在首位的能源发展战略。"

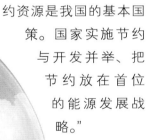

🌏 低碳经济

　　是指在可持续发展理念指导下，通过技术创新、制度创新、产业转型、新能源开发等多种手段，尽可能地减少煤炭、石油等高碳能源消耗，减少温室气体排放，达到经济社会发展与生态环境保护双赢的一种经济发展形态。低碳经济是以低能耗、低污染、低排放为基础的经济模式，是人类社会继农业文明、工业文明之后的又一次重大进步。

　　低碳经济的特征是以减少温室气体排放为目标，构筑低能耗、低污染为基础的经济发展体系，包括低碳能源系统、低碳技术和低碳产业体系。

　　低碳能源系统指通过发展清洁能源，包括风能、太阳能、核能、地热能和生物质能等，替代煤、石油等化石能源以减少二氧化碳排放。低碳技术包括清洁煤技术和二氧化碳捕捉及储存技术等。低碳产业体系包括火电减排、新能源汽车、节能建筑、工业节能与减排、循环经济、资源回收、环保设备、节能材料等。

　　随着"低碳"一词的出现，现在"低碳社会"、"低碳城市"、"低碳超市"、"低碳校园"、"低碳交通"、"低碳环保"、"低碳网络"、"低碳社区"……各行各业蜂拥而上统统冠以"低碳"二字，使"低碳"成为一种时尚。

🌍 低碳生活

指生活作息时所耗用的能量要尽力减少，从而减低碳，特别是二氧化碳的排放量，减少对大气的污染，减缓生态恶化，主要从节电、节气和回收三个环节来改变生活细节。实际上，低碳生活可以理解为减少二氧化碳的排放，就是低能量、低消耗、低开支的生活。"低碳生活"节能环保，有利于减缓全球气候变暖和环境恶化的速度。减少二氧化碳排放，选择"低碳生活"，是每位公民应尽的责任。低碳生活，对于普通人来说是一种生活态度，同时也成为人们推进潮流的新方式。

8　其他环境热点问题

南极臭氧洞

是地球上空的臭氧层因臭氧损耗而大幅度减少的区域的统称。臭氧洞是指大气中臭氧浓度在减少,无所谓"洞"的存在。目前以南极上空减少最明显,在北极和青藏高原上空也有减少现象（见图 8.1，图 8.2）。

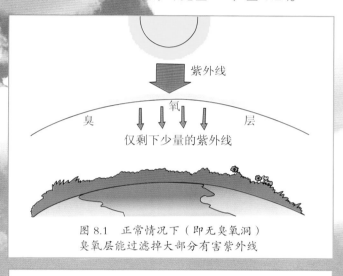

紫外线

臭　氧　层

仅剩下少量的紫外线

图 8.1　正常情况下（即无臭氧洞）
臭氧层能过滤掉大部分有害紫外线

臭氧洞

紫外线

CFC

杀虫剂

冰箱

灭火器

图 8.2　人类活动导致臭氧洞的形成

🌑 酸雨

是指 pH 值小于 5.6 的雨、雪、雹等大气降水。pH 值是氢离子浓度对数的负值。pH 值小于 5.6 的雨叫酸雨；pH 值小于 5.6 的雪叫酸雪；在高空或高山上弥漫的雾,pH 值小于 5.6 时叫酸雾。1872 年英国化学家史密斯在其《空气和降雨：化学气候学的开端》一书中首先使用了"酸雨"这一术语,指出降水的化学性质受到燃煤和有机物分解等因素的影响,也指出酸雨对植物和材料是有害的（见图 8.3,图 8.4）。

图 8.3　pH 值对比情况

图 8.4　酸雨中硫化物来源示意图

厄尔尼诺与拉尼娜

一般影响 厄尔尼诺现象发生时，位于西太平洋地区的国家，如印尼和澳大利亚易出现旱灾，而南美沿岸国家，如秘鲁、厄瓜多尔则有暴雨发生。相反，拉尼娜现象发生时，澳大利亚和印尼易有水灾，而秘鲁、厄瓜多尔则出现干旱。

对我国气候的影响 厄尔尼诺对我国的影响明显而复杂，主要表现在五个方面：一是厄尔尼诺年夏季主雨带偏南，北方大部少雨干旱；二是长江中下游雨季大多推迟；三是秋季我国东部降水南多北少，易使北方夏秋连旱；四是全国大部冬暖夏凉；五是登陆我国台风偏少。除了上述一般规律外，也有一些例外情况。这是因为制约我国天气气候的因素很多，如大气环流、季风变化、陆地热状况、北极冰雪分布、洋流变化乃至太阳活动等。拉尼娜事件对我国气候的影响一般具有与厄尔尼诺事件影响相反年的特点。

定义 厄尔尼诺在西班牙语中的意思是"圣婴"，是指赤道中东太平洋海水异常偏暖的现象。该现象首先发生在南美洲的厄瓜多尔和秘鲁太平洋沿岸附近，多发生在圣诞节前后，因此得名。在厄尔尼诺过后东太平洋有时会出现海水明显变冷，同时也伴随着全球性气候异常的现象，称为拉尼娜。厄尔尼诺和拉尼娜是一种不规则重复出现的现象。一般每2～7年出现一次。据统计，从1950到1998年共发生了16次厄尔尼诺现象，10次拉尼娜现象（见图8.5）。

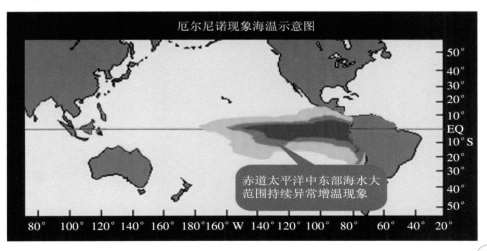

厄尔尼诺现象海温示意图

赤道太平洋中东部海水大范围持续异常增温现象

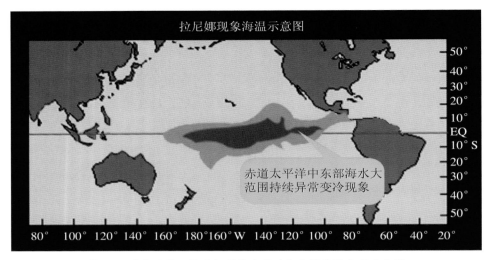

图 8.5　厄尔尼诺、拉尼娜现象出现时太平洋海温分布示意图

🌐 荒漠化

指包括气候和人类活动在内种种因素造成的干旱、半干旱和亚湿润地区的土地退化（此为 1992 年世界环境与发展大会给出的定义），或者说，由于大风吹蚀、流水侵蚀、土壤盐渍化等造成的土壤生产力下降或丧失现象。

1992 年世界环境和发展大会把防治荒漠化列为国际社会优先发展和采取行动的领域,并于 1993 年开始了《联合国关于发生严重干旱或荒漠化国家（特别是非洲）防治荒漠化公约》的政府间谈判。1994 年 6 月 17 日公约文本正式通过。1994 年 12 月联合国大会通过决议,从 1995 年起,把每年的 6 月 17 日定为"全球防治荒漠化和干旱日"。我国是《公约》的缔约国之一。

第**4**篇

气象灾害

9 气象灾害概述

灾害性天气

是指对人类具有潜在的破坏和危险的大气状况。

气象灾害定义

是指大气运动和变化对人类生命财产和国民经济以及国防建设等造成的直接或间接损害，如台风、暴雨、暴雪、雷电、高温等。气象灾害是自然灾害中的原生灾害之一，而且也是最常见的、最主要的一种自然灾害。

图 9.1 我国主要气象灾害分布综合示意图

气象灾害特点

（1）种类多。不仅包括台风、暴雨、冰雹、大风、雷暴等天气灾害，还包括干旱、洪涝、持续高温等气候灾害，以及荒漠化、山体滑坡、泥石流、雪崩、病虫害、风暴潮等气象次生灾害或衍生灾害。此外，与气象条件密切相关的环境污染、海洋赤潮、重大传染性疾病、有毒有害气体泄漏扩散、火灾等也成为影响人们生活和安全的重要问题。

> 气象灾害，从某种意义上来说，它是一种极端天气气候事件。比如，降水异常会引起旱灾（水短缺）、洪涝（水过量）。

（2）发生频率高。无论古代还是现代，一年四季都可出现，有的灾种，如干旱，常常连季、连年发生。

（3）分布范围广。无论是平原高山，还是江河湖海，世界各地，甚至空中，处处都可能发生。

（4）群发性强，连锁反应显著，造成的灾情十分严重。

极端天气气候事件

对此目前国内外还没有作统一的标准规范。我国国家气候中心发布的监测快报中的极端天气气候事件的标准阈值是根据百分位法确定的：即对某一事件的气候标准年内的历年最大值序列从小到大进行排位，定义序列超过第 95 百分位值为极端多（高）事件，小于第 5 百分位值为极端少（低）事件。可见，它是指天气气候的状态严重偏离其平均

定义　指在一定时期内，某一区域或地点发生的出现频率较低的或有相当强度的对人类社会有重要影响的天气气候事件。

状态，在统计意义上属于不易发生的小概率事件。比如北京日最高气温气候标准年内历年最大值序列的第 95 百分位值为 39.4℃，而我们监测到北京今天的最高气温超过 39.4℃，就认为该天北京发生了极端高温事件。

高影响天气　类似于极端天气气候事件的定义，同样是指影响人们生活质量，给经济带来严重影响，威胁生命并引起社会公众高度关注的天气现象。如对流性和地形降水造成的洪水、暴雨雪、沙尘暴、破坏性地面大风等，也包括高温、冷害、干旱、影响空气质量的气候条件以及具有高度社会和经济影响的非极端天气等。高影响天气事件的发生是小概率事件。

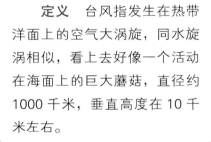

10 常见气象灾害分述

🌀 台风

结构　如果从垂直方向把台风切开，可以看到有明显不同的三个区域，从中心向外依次是台风眼区、云墙区和螺旋雨带区（见图10.1）。

台风眼非常奇特，那里风平浪静，天气晴朗，平均直径为25千米，身临其境的海员风趣地称台风眼为台风的世外桃源。

台风眼周围是宽几十千米、高十几千米的云墙区，也称眼壁。这里云墙高耸，狂风呼啸，大雨如注，海水翻腾，天气最恶劣。

云墙外是螺旋雨带区，这里有几条雨（云）带呈螺旋状向眼壁四周辐合，雨带宽约几十千米到几百千米，长约几千千米，雨带所经之处会降阵雨，出现大风天气。

> **定义**　台风指发生在热带洋面上的空气大涡旋，同水旋涡相似，看上去好像一个活动在海面上的巨大蘑菇，直径约1000千米，垂直高度在10千米左右。

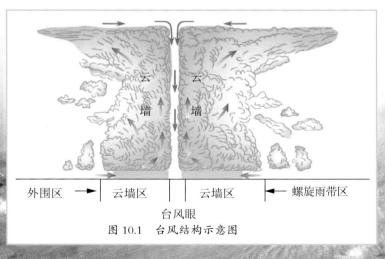

图 10.1 台风结构示意图

热带气旋分类 按照世界气象组织规定，对像台风这样的发生在热带或副热带海洋上的气旋性涡旋统一称为热带气旋。我国将西北太平洋（包括南海）上的热带气旋，按其中心附近底层最大平均风力大小划分为六个等级，其中风力达12级或以上的称为台风（见附录八）。

台风危害 形成狂风、巨浪，伴随暴雨、风暴潮，可引起海堤决口、船只损毁沉没、屋舍倒塌、农作物受淹倒伏，破坏交通、通信、电力设施；强降水还会引发泥石流、滑坡及山洪灾害。

影响我国的台风路径 大致有3条。一是西北路径，从源地一直向西北方向移动，大多在台湾、福建、浙江一带沿海登陆；二是西移路径，从源地一直向偏西方向移动，往往在广东、海南一带沿海登陆；三是近海转向路径，从源地向西北方向移动，当靠近我国东部近海时，转向东北方向移动（图10.2）。

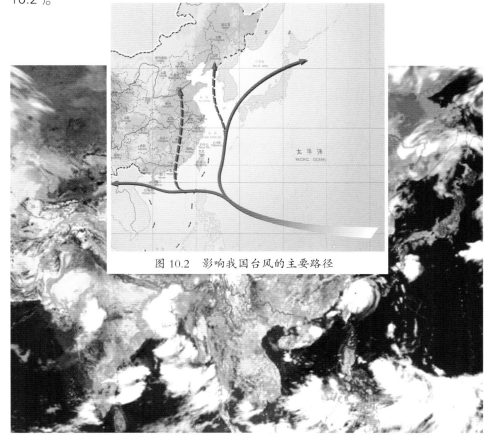

图 10.2　影响我国台风的主要路径

暴雨

分类　按照一定标准通常划分为暴雨、大暴雨和特大暴雨。气象部门规定，24 小时雨量 ≥ 50 毫米称为暴雨；≥ 100 毫米称为大暴雨；≥ 250 毫米称为特大暴雨。

定义　暴雨是指短时间内产生较强降雨量 (24 小时雨量 ≥ 50 毫米) 的天气现象。

暴雨的产生　主要条件有三个：一是有充足的水汽来源；二是有强盛而持久的上升运动；三是大气层结不稳定。天上的积雨云，相比一般云来说，其中水汽更丰沛，上下对流更旺盛，是产生暴雨的主要云系。此外，特殊的地形对暴雨的产生起着推波助澜的作用。

我国的暴雨　一年四季均可能发生暴雨（冬季暴雨局限在华南沿海），但是降水的阶段性明显，地域差别很大。华南多发生在 4—6 月及 8—9 月；江淮多在 6—7 月，北方多在 7—8 月。夏秋季节，西北太平洋和南海热带气旋十分活跃，台风暴雨的雨量往往很大，会造成严重灾害。

危害　往往伴有雷雨大风、龙卷、冰雹等灾害性天气，造成洪涝、交通堵塞、航班延误、工程失事、堤防溃决和农作物被淹，同时也会带来泥石流、滑坡等地质灾害，经济损失巨大，甚至造成人员伤亡。

雨季　是指一年中降水相对比较集中的湿润多雨季节。或者说，在一定的气候类型中，一地区每年雨量最大的一个月或几个月。我国是一个季风气候明显的国家，其降水的季节分配差异较大。在此季节常常出现大雨和暴雨，其降水量约占年总量的 70% 左右，因此，雨季表现也比较明显，易造成洪涝灾害，所以又称为汛期。就大范围而言，一般南方雨季为 4—9 月，北方为 6—9 月。前后相差 2 ~ 3 个月。雨季结束是北方早，南方迟，一般前后相差仅 20 天左右。

　　雨带　与大面积降水区相联系的狭长的云和降水的集合结构。每年 2—5 月，主要雨带位于华南沿海地区，并随着季节的转暖缓慢向北移动；6 月中旬或下旬，雨带北移至长江流域，使江淮一带进入梅雨期，这种连续性的阴雨一直会持续到 7 月上旬末；到了 7 月上旬或 7 月中旬，雨带北移至黄河流域，7 月中旬以后，华南地区又一次出现了雨区；7 月下旬至 8 月上旬，雨带北移至华北、东北一带，达到一年中最北位置；从 8 月底到 9 月上旬开始，雨带随着北方冷空气的活跃而开始迅速南撤，华北、东北地区雨季最早结束；到了 10 月上旬，雨带退至江南华南地区，随后退出大陆，结束了一年为周期的雨带推移活动（见图 10.3）。

图 10.3　副热带高压位置与雨带位置关系示意图

　　洪涝　雨量过大或冰雪融化引起河流泛滥、山洪暴发和农田积水造成的水灾和涝灾。洪涝灾害可分为洪水、涝害、湿害。

　　涝害　雨水过多或过于集中或返浆水过多造成农田积水成灾。

　　湿害　洪水、涝害过后排水不良，使土壤水分长期处于饱和状态，作物根系缺氧而成灾。

　　洪水　大雨、暴雨或持续降雨，或冰雪融化，引起山洪暴发、河水泛滥、淹没农田、毁坏农业设施等。

我国的洪涝灾害　主要发生在长江、黄河、淮河、海河的中下游地区。四季都可能发生。春涝：主要发生在华南、长江中下游、沿海地区。夏涝：中国的主要涝害，主要发生在长江流域、东南沿海、黄淮平原。秋涝：多为台风雨造成，主要发生在东南沿海和华南。

汛期

我国的 4 种汛期：

伏汛期　夏季暴雨为主产生的涨水期。

秋汛期　秋季暴雨（或强连阴雨）为主产生的涨水期。

凌汛期　冬春季河道因冰凌阻塞、封冻和解冻引起的涨水期。

春汛期　春季北方河源冰山或上游封冻冰盖融化为主产生的涨水期以及南方春夏之交进入雨季产生的涨水期。对黄河而言，正值桃花盛开的季节，春汛期又称为桃汛期。

定义　流域内由于季节性降水集中，或融冰、化雪导致河水在一年中显著上涨的时期。按字面来说，"汛"就是水盛的意思，"汛期"就是河流水盛的时期，汛期不等于水灾，但是水灾一般都发生在汛期。

伏汛期和秋汛期往往紧接，又都极易形成大洪水，一般把二者合称为伏秋大汛期。

汛期（主要指伏秋大汛）起止时间的划分　一般用该时段洪水发生的频率来反映。以超过年最大洪峰流量多年平均值的洪水称为"大洪水"。汛期是指要保证90%以上的"大洪水"出现在所划定的时段内；主汛期则以控制80%以上的"大洪水"来确定时段。

我国七大江河的汛期　一般为4—10月，多数江河的暴雨洪水发生在伏秋大汛期。

珠江：4—9月，其中4—6月为前汛期，7—9月为后汛期，5—6月是主汛期。

长江：5—10月，7—8月是主汛期。

淮河：6—9月，7—8月是主汛期。

黄河：6—10月，7—8月是主汛期。

海河：6—9月，7月下旬至8月上旬是主汛期。

辽河：6—9月。

松花江：6—9 月，8 月下旬至 9 月上旬是主汛期。

华南前汛期　我国华南地区（包括福建、台湾、广西和广东）于每年 4—6 月出现的暴雨称为前汛期暴雨，冷空气和锋面对其形成有明显作用。

梅雨　从我国江淮流域一直到日本南部每年初夏 (6—7 月) 常常出现的一段降水量较大，降水次数频繁的连阴雨天气。因时值梅子黄熟故名。又因这时温高、湿重、雨多，器物容易受潮生霉，故又名霉雨。一般为 6 月上旬到中旬入梅，7 月上旬到中旬出梅，出梅后盛夏开始。

华北雨季　指盛夏季节的 7 月下旬至 8 月上旬华北地区出现的暴雨，典型的天气系统为高空槽（伴有冷锋）、黄河气旋等，还跟地形关系比较密切。

华西秋雨　是我国西部地区秋季多雨的特殊天气现象。主要出现在四川、重庆、贵州、云南、甘肃东部和南部、陕西关中和陕南、湖南西部、湖北西部一带。其中尤以四川盆地和川西南山地及贵州的西部和北部最为常见。华西秋雨一般出现在 9—11 月，最早出现日期有时可从 8 月下旬开始，最晚在 11 月下旬结束。以小雨为主，是典型的绵绵秋雨。唐代文学家柳宗元曾用"恒雨少日，日出则犬吠"来形容四川盆地阴雨多、日照少的气候特色，以后便演变成了著名的成语"蜀犬吠日"，比喻少见多怪。

城市雨涝　每逢雨季，由于城市硬化路面越来越多，雨水渗透很难，城市排水不畅，当降雨量大而急时就会发生内涝现象，给人们出行带来不便。

泥石流

我国的泥石流　分布比较广泛，但是明显受地形、地质和降水条件的控制。西南地区以及新疆、甘肃、青海、陕西、江西、河北、北京、辽宁等地区为我国泥石流高发区。

泥石流的危害　泥石流来势汹汹，冲进乡村、城镇，摧毁房屋、工厂、企事业单位及其他场所设施。淹没人畜、毁坏土地，甚至造成村毁人亡的灾难。泥石流发生时会同时引发崩塌、滑坡等地质灾害，其危害程度比单一的崩塌、滑坡和洪水的危害更为广泛和严重。

定义　泥石流是指存在于山区沟谷中，由暴雨、冰雪融水等水源激发的，含有大量的泥砂、石块的特殊洪流。一般发生在多雨的夏秋季节，出现在一次降雨的高峰期，或者是在连续降雨发生之后。

沙尘暴

沙尘天气分类 按照轻重程度不同，沙尘天气可分为浮尘、扬沙、沙尘暴、强沙尘暴、特强沙尘暴五类（见附录九）。

我国的沙尘天气 我国受沙尘暴影响多集中在北方，其中南疆盆地、青海西南部、西藏西部及内蒙古中西部和甘肃中北部是沙尘暴的多发区。北方的沙尘暴主要出现在春季。这个季节大部分地区降水少，空气和表土干燥，多气旋和大风，加之地面裸露，具备产生沙尘暴的条件。进入夏季以后，由于降水逐渐增多，植被覆盖较好，沙尘暴很少出现。

沙尘暴危害方式 通过强风、沙埋、土壤风蚀和空气污染，对人类的生产和生活造成严重不良影响（图10.5）。

定义 当强风将地面细小尘粒卷入空中，使空气混浊、能见度明显降低时，就出现了沙尘天气（见图10.4）。

图 10.4　沙尘天气的形成

图 10.5　沙尘暴发生时的情景

🌏 大风

我国的大风　我国有4个大风日数高值区，即青藏高原、中蒙边境地区、新疆西北部、东南沿海及岛屿。但各地大风季节分布有很大差异，冬春季节，我国北方以偏北大风为主，它可以刮到长江以南；春夏季节，沿海地带和台湾海峡台风引起的大风比较多。

危害　大风容易造成建筑物倒塌，吹翻车辆船只，折断电杆等；对作物和树木等产生机械损害，造成倒伏、折断、落粒、落果及传播植物病虫害等；长时间的大风还会使土壤风蚀、沙化等；大风能引起风暴潮、沙尘暴，助长火灾等。

定义　当瞬时风速达到或超过每秒 17.2 米，即风力大于等于 8 级时，就称作大风。地面最强的风是由龙卷和台风造成的。大风最常发生在锋面过境、寒潮入侵，以及出现雷暴、龙卷风及台风等天气的时候。地形对大风的产生也有显著影响，在一些特殊地形下，如在峡谷和喇叭口地形等处，经常出现大风，如新疆达坂城风力经常在 10 级以上。

龙卷风

我国的龙卷风 主要发生在华南、华东一带，一般以春季和夏初为多。一天当中以下午至傍晚最为多见，偶尔也在午夜出现。

危害 龙卷风的中心气压很低，风力可达12级以上，最大风速可达每秒100米以上，它极强的上升和水平气流具有巨大的破坏力，能拔起大树、掀翻车辆、摧毁建筑物，将上千上万吨的重物卷入空中，有时也能把人吸走，造成人员伤亡和经济损失。

定义 龙卷风是一种强烈的、小范围的空气涡旋，是在极不稳定天气条件下，由空气强烈对流运动产生的，通常是由雷暴云底伸展至地面的漏斗状云产生的强烈旋风。一般伴有雷雨，有时也伴有冰雹（见图10.6）。

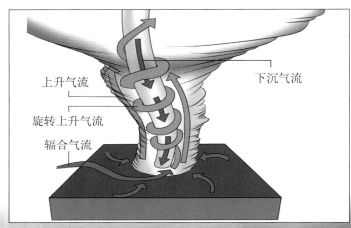

上升气流
旋转上升气流
辐合气流
下沉气流

图10.6　龙卷风的形成

🌐 大雾

我国的大雾　一年四季都可能有雾，主要发生在春、秋和冬季，夏季由于天气炎热，一般平原、丘陵地区雾比较少。我国雾日数分布大致是东部多、西部少。黄淮、江淮、江南及河北、四川、重庆、云南、贵州、福建、广东等省市年雾日一般在 20 天以上，局部地区可达 50 ～ 70 天；东北地区东南部和大兴安岭北部雾日可达 20 ～ 30 天；西北地区因气候干燥，很少出现雾，但陕西和新疆天山山区年雾日数仍可达 10 ～ 30 天。

定义　雾是指在贴近地面的大气中悬浮有大量微小水滴或冰晶并使水平能见度小于 1000 米的天气现象（见图10.7）。按水平能见度大小，将雾划分为雾、浓雾和强浓雾 3 种（见附录十）。

雾的危害　容易发生撞车、撞人事故，影响公路、航空、铁路、海运的正常运营和安全。危害人们身体健康。可能出现雾闪，引起电线短路，造成断电事故。连续数天大雾，可使农作物缺少光照，影响作物生长，甚至会助长病菌繁殖，引发作物病害。另外，雾滴中还会有病菌等，有碍人们健康。

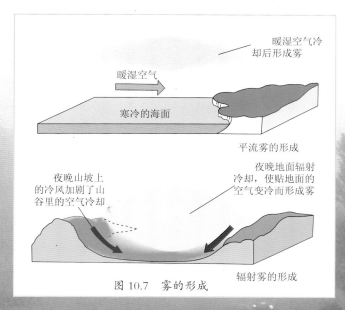

暖湿空气冷却后形成雾

暖湿空气

寒冷的海面

平流雾的形成

夜晚山坡上的冷风加剧了山谷里的空气冷却

夜晚地面辐射冷却，使贴近地面的空气变冷而形成雾

辐射雾的形成

图 10.7　雾的形成

霾

霾和雾的区别 虽然相似，但是也有区别。雾是浮游在空中的大量微小水滴或冰晶，相对湿度达到 90% 以上，较潮湿；霾是大气中细微颗粒物产生的，相对湿度一般低于 80%，较干燥。雾颜色较白，霾颜色发暗，或呈灰黄色。

定义 大量极细微的颗粒物悬浮在大气中，使水平能见度小于 10 千米的空气普遍混浊的现象。霾通常使远处光亮物微带黄、红色，使黑暗物微带蓝色。在我国香港和澳门地区被称为烟霞。

我国的霾 主要发生在春、秋和冬季，尤以冬季发生最多。东部多于西部，西半部地区、东北大部及内蒙古、海南年霾日数不足 1 天，东部其余地区年霾日数一般为 1～10 天，其中山西中南部、河南中部、江西西北部、广西东北部、云南南部超过 20 天，以珠江三角洲地区最多。

霾的危害 慢性支气管炎和哮喘病人长时间暴露在霾天里，病情会加剧，还会诱发肺癌；会使人们心情灰暗压抑，影响心理健康；霾使能见度降低，会引发交通事故。霾还会污染供电系统，造成停电、断电事故。

高温

我国的高温　一般发生在 5—9 月，在我国东南部和西北部，分别有两个高温多发区。西北部的多发中心在新疆的南疆地区，这里年高温日数一般有 20 天以上，新疆吐鲁番达 99 天，为全国之最；东南部的多发中心在江南、华南北部及四川东部和重庆一带，年高温日数一般有 20 ~ 35 天。

> **定义**　日最高气温大于或等于 35℃ 的天气称为高温天气，大于或等于 37℃ 的天气称为酷热天气，连续 5 天以上的高温称为持续高温或"热浪"天气。

高温的危害　连续高温热浪，会引发生理、心理不适，甚至诱发疾病或死亡。高温热浪影响植物生长发育，加剧干旱区旱情发生发展，使农业减产；高温还使用水用电量急剧上升，给人们生活、生产带来很大影响。

干热风　高温、低湿和一定风力的天气条件，是影响作物生长发育，造成减产的一种灾害性天气。

秋老虎　立秋后出现的短时期回热天气。出现时人们感到炎热难受，故得此名。

🌍 干旱

定义　干旱是指因水分收支或供求不平衡而形成的持续水分短缺现象。干旱灾害，是指在某一时段内，通常是30天以上的时段，降水量比常年同期的平均状况偏少，并导致经济活动和日常生活受到较大危害的现象（见附录十一）。

我国的气象干旱　东北的西南部、黄淮海地区、华南南部及云南、四川南部等地年干旱发生频率较高，其中华北中南部、黄淮北部、云南北部等地达 60% 到 80%；其余大部地区不足 40%；东北中东部、江南东部等地年干旱发生频率较低，一般小于 20%。

危害　干旱是对人类社会影响最严重的气候灾害之一，它具有出现频率高、持续时间长、波及范围广的特点。干旱的频繁发生和长期持续，不但会给社会经济，特别是农业生产带来巨大的损失，还会造成水资源短缺、荒漠化加剧、沙尘暴频发等诸多生态和环境方面的不利影响。

伏旱　我国长江流域及江南地区盛夏（多指7月、8月）降水量显著少于多年平均值的现象。一般在西太平洋副热带高压控制，且少台风活动时，容易出现严重干旱。

卡脖旱　影响玉米雄穗抽出的一种干旱。北方多在初夏发生，此时正是春玉米的需水关键期，干旱使玉米不能顺利抽穗，农民称之为"卡脖旱"。还会影响夏播作物的播种和出苗。

雷电

我国的雷电活动　多发区主要集中在华南、西南南部以及青藏高原中东部地区，年雷暴日数在 70 天以上。广东雷州半岛因年雷暴天数多达 100 天以上而得名。

雷电的危害　雷电所形成的强大电流、炽热的高温、强烈的电磁辐射以及伴随的冲击波，导致人员伤亡，建筑物、供配电系统、通信设备、民用电器损坏，引起森林火灾，造成计算机信息系统中断，仓储、炼油厂、油田等燃烧甚至爆炸，危害人民财产和人身安全。

> **定义**　发生于积雨云内、云际、云与地、云与空气之间的击穿放电现象，常伴有强烈的闪光和隆隆的雷声。多发生于春夏秋季节。

冰雹

我国的冰雹 山区多于平原，内陆多于沿海，中纬度地区多于高、低纬度地区。各地降雹日数年际变化很大，并有明显的季节变化。一年中，长江以南广大地区，每年3—5月降雹最多；在长江以北，淮河流域、四川盆地及新疆的南疆地区，每年4—7月降雹最多；黄河流域及以北地区，以6—10月降雹较多，雹期最长，尤以夏季降雹日最多。多雹区主要在高原和大山区，成带状分布，带宽为几到几十千米，长几十千米，最长的有数百千米。

定义 冰雹是由积雨云中降落的、一般呈圆球形透明与不透明冰层相间的固体降水，小如豆粒，大若鸡蛋、拳头。气象学中通常把直径在5毫米以上的固态降水物称为冰雹，直径2~5毫米的称为冰丸，也叫小冰雹，而把含有液态水较多，结构松软的降水物叫软雹。冰雹的形状也不规则，大多数呈椭球形或球形，但锥形、扁圆形以及不规则形也是常见的。冰雹一般有3~5层，最多可达20多层。

危害 冰雹来势猛、强度大，具有很大的破坏性。冰雹对农业的危害决定于雹块大小、持续时间、作物种类及其发育阶段。在农作物生长季节，可使农作物遭受机械损伤，如在棉花开花期间，会引起蕾铃脱落。较大的冰雹会使所经之处房屋倒塌，树木电杆折断，农作物被毁，甚至会危及人畜安全。

寒潮

我国的寒潮 主要出现在 11 月到下一年 4 月间，秋末、冬初及冬末、初春较多，隆冬反而较少。我国寒潮发生次数呈现北多南少的分布特点，东北、华北西北部以及西北、江南、华南的部分地区和内蒙古每年平均发生寒潮在 3 次以上（见图 10.8）。

寒潮产生的灾害性天气 包括霜冻、冷害、冻害、大风、暴雪及沙尘暴等，比如，西北和内蒙古常出现的沙尘暴、暴雪，华中、西南出现的冰凌，南方尤其是华南出现的大范围持续阴雨。

定义 寒潮是指大范围强冷空气活动引起气温下降的天气过程。我国的寒潮标准是：凡一次冷空气入侵后，使长江中、下游及其以北地区在 48 小时内降温超过 10℃，长江中下游或春秋季的江淮地区的最低气温等于或小于 4℃，陆上有大面积 5 级以上大风，在我国近海海面上有 7 级以上大风，即为寒潮。这个标准是针对全国而言的，由于我国各地气候差异很大，各省气象部门又制定了适合本地区的寒潮标准。

寒潮对农牧业、交通、电力、建筑，甚至人们的健康会带来危害。

图 10.8 我国寒潮的路径

霜冻

秋霜冻和春霜冻　大体上对应初霜冻和终霜冻，初霜冻为每年入秋之后第一次出现的霜冻，终霜冻为每年春季最后一次出现的霜冻。

我国的霜冻　我国初霜冻出现日期北方比南方早，西部比东部早；终霜冻结束日期则相反，南方比北方早，东部比西部早。我国霜冻出现日数由北向南逐渐减少。青藏高原、东北及新疆东北部、内蒙古出现霜冻日数最多，全年在 180 天以上。华南南部，包括两广南部沿海及海南岛，长年无霜冻或很少有霜冻。

定义　指在春季作物进入生长期，或者在秋季作物尚未停止生长的时候，夜间或清晨出现的足以使作物遭受冻害或死亡的短时间的低温天气。出现霜冻时可能有霜，也可能无霜。无霜时突然下降的低温，也会冻伤植物，使植株枯萎、死亡，变成黑色，称为黑霜。通常，在晴朗、无风、低温的条件下容易发生霜冻。地形对霜冻的强度和持续时间也有很大的影响，在低洼的盆地和谷地，霜冻更容易出现。

危害　霜冻是一种严重的农业气象灾害。从机理上来说，霜冻能使植物的细胞内与细胞间隙中的水分结冰，致使细胞脱水，同时发生机械损伤，造成植株枯萎或死亡。有霜冻时，人体也可出现冻伤。

暴雪

我国的暴雪 每年秋季、冬季和春季，东北、内蒙古、新疆、青海、西藏大部分地区，都会出现不同程度的暴雪天气。有些年份冬季，西北地区东部、华北、江淮、江汉也会降暴雪。少数年份，江南和西南地区中北部也会出现暴雪天气。

定义 暴雪是指24小时内降雪量达10毫米以上，且降雪持续，对交通或者农牧业有较大影响的一种灾害性天气。我国新疆、内蒙古草原牧区把这种雪灾又称为"白灾"。

危害 阻断交通，破坏电信、电力系统。暴雪通常伴随强寒潮，在牧区，由于积雪过厚，雪层维持时间长，使牲畜采食困难，以致挨饿而掉膘，甚至得病或者受冻而死。在农区，大雪会压垮大棚，甚至房屋；春季积雪过久，会威胁作物返青，冻坏农作物，导致农业歉收或严重减产。

白灾 牧区冬季因降雪过多，积雪过深，影响牲畜正常放牧活动的雪害。黑龙江、内蒙古东部、新疆北部等地牧区常有发生。

黑灾 牧区冬季因少积雪或无积雪致使牲畜缺乏饮水而形成的一种灾害。主要发生在冬季日平均气温小于－10℃到春季气温回升到0℃这段时期，内蒙古西部、甘肃、宁夏等地牧区出现频率较大。

🌐 冻雨

这种雨滴是温度低于 0℃ 的过冷却水滴，其外观同一般雨滴相同，当它落到温度为 0℃ 以下的物体，如电线、树木或地面上时，立即冻结成外表光滑、透明或半透明的冰层。这时，雨滴继续落在结了冰的物体表面上，慢慢下垂，结成条条冰柱。

定义 过冷却水滴与温度低于 0℃ 的地面或物体碰撞而立即冻结的雨称为冻雨。

在气象学中将其又称为"雨凇"或者冰凌，有的地方称它为"冰挂"。我国南方一些地区把冻雨叫做"下冰凌"，北方地区称它为"地油子"。

我国的冻雨 以山地和湖区多见；南方多、北方少；潮湿地区多而干旱地区少；山区比平原多，高山最多。出现冻雨较多的地区是贵州省，其次是湖南、江西、湖北、河南、安徽、江苏，以及山东、河北、陕西、甘肃、辽宁南部等地；新疆北部和天山地区、内蒙古中部和大兴安岭地区东部也会有冻雨出现。冻雨多发生在冬季和早春时期，主要出现在 1 月至 2 月上、中旬的一个多月内。

危害 冻雨能毁坏电路、阻断交通、压断树木、损毁建筑、冻伤植物和牲畜。

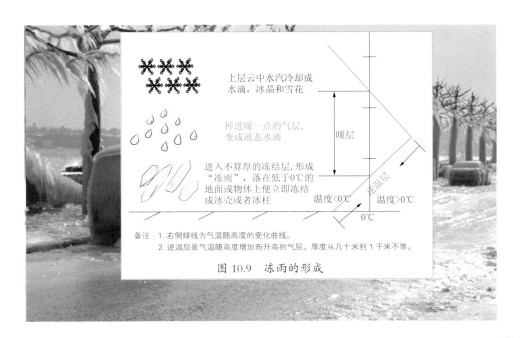

上层云中水汽冷却成水滴，冰晶和雪花

掉进暖一点的气层，变成液态水滴

暖层

进入不算厚的冻结层，形成"冻雨"，落在低于0℃的地面或物体上便立即冻结成冰壳或者冰柱

逆温层

温度<0℃ 温度>0℃

0℃

备注：1. 右侧绿线为气温随高度的变化曲线。
　　　2. 逆温层是气温随高度增加而升高的气层。厚度从几十米到 1 千米不等。

图 10.9　冻雨的形成

道路结冰

我国的道路结冰　容易发生在冬季和早春相当长的一段时间内。我国北方地区，尤其是东北地区和内蒙古北部地区，常常出现道路结冰现象。而我国南方地区，降雪一般为"湿雪"，往往属于 0 ~ 4℃的混合态水，落地便成冰水糨糊状，一到夜间气温下降，就会凝固成大片冰块，只要当地冬季最低温度低于0℃，就有可能出现道路结冰现象。只要温度不回升到足以使冰层解冻，就将一直坚如磐石。

危害　出现道路结冰时，由于车轮与路面摩擦作用大大降低，容易打滑，刹不住车，造成交通事故。行人也容易滑倒，造成摔伤。高速公路因道路积雪结冰而封闭，民航机场因飞机跑道、停机坪大量积雪结冰而关闭，对交通造成严重影响。

定义　道路结冰是指降水，如雨、雪、冻雨或雾滴，碰到温度低于 0℃的地面而出现的积雪或结冰现象。通常包括冻结的残雪、凸凹的冰辙、雪融水或其他原因造成的道路积水在寒冷冬季形成的坚硬冰层。

低温冷害

类型 一种是在农作物生长期内，因温度长时间偏低，热量不足，使作物生育进程变慢；一种是在农作物处于孕穗、抽穗、开花时期，因温度短时间偏低，使生殖器官的生理功能受阻；还有一种就是上述两种情况同时出现，使农作物受到伤害。

定义 农作物在0℃以上相对低温环境中受到的损害称为低温冷害。一般来说，低温冷害是由低温、寡照、多雨，或者天气晴朗，但是有明显降温，或者持续低温造成的。

我国的低温冷害 东北夏季的低温冷害；南方秋季的低温冷害，称为寒露风；华南地区冬季热带作物的寒害；以及全国各地春季使早稻、棉花等春播作物烂秧、烂种的低温冷害，称为倒春寒。

寒露风 又叫"社风"。是秋季冷空气侵入后引起显著降温，使水稻减产的一种低温冷害。在中国南方，它多发生在"寒露"节气，故名。

倒春寒 是指初春（一般指3月）气温回升较快，而在春季后期（一般指4月或5月）气温较正常年份偏低的天气现象。长期阴雨天气或频繁的冷空气侵袭，抑或持续冷高压控制下晴朗夜晚的强辐射冷却易造成倒春寒。严重的倒春寒可以给农业生产造成危害。

连阴雨 初春或深秋时节接连几天甚至经月阴雨连绵、阳光寡照的寒冷天气。又称低温连阴雨。连阴雨同春末发生于华南的前汛期降水和初夏发生于江淮流域的梅雨不同。后两者虽在现象上也可称连阴雨，但温度、湿度较高，雨量较大；而前者的主要特点是温度低、日照少、雨量并不大。连阴雨的灾害，主要在低温方面。初春连阴雨，往往出现在水稻播种育秧时节，易造成大面积烂秧现象；秋季连阴雨如出现较早，会影响晚稻等农作物的收成。

强对流天气

强对流天气发生时，往往几种灾害同时出现，因为这种天气历时短、天气剧烈、破坏性强，世界上把它列为仅次于热带气旋、地震、洪涝之后第四位具有杀伤性的灾害性天气。

强对流天气发生于对流云系或单体对流云块中，在气象上属于中小尺度天气系统，空间尺度小，一般水平范围大约在十几千米至二三百千米，

定义 是指发生突然、移动迅速、天气剧烈、破坏力极大的灾害性天气，主要有雷雨大风、冰雹、龙卷风、局部短时强降雨和飑线等。发生强对流天气而造成的灾害，大体上可将其归纳为风害、涝害、雹害。

有的水平范围只有几十米至十几千米。其生命史短暂并带有明显的突发性，约为一小时至十几小时，较短的仅有几分钟至一小时。

飑 是指突然发生的风向突变，风力突增的强风现象。而飑线是指风向和风力发生剧烈变动的天气变化带，沿着飑线可出现雷暴、暴雨、大风、冰雹和龙卷等剧烈的天气现象。它常出现在雷雨云到来之前或冷锋之前，春、夏季节的积雨云里最易发生。飑线多发生在傍晚至夜间。

雷雨大风 指在出现雷雨天气现象时，风力达到或超过 8 级（≥ 17.2 米/秒）的天气现象。有时也将雷雨大风称作飑。当雷雨大风发生时，乌云滚滚，电闪雷鸣，狂风夹伴强降水，有时伴有冰雹。它涉及的范围一般只有几千米至几十千米。雷雨大风常出现在强烈冷锋前面的雷暴高压中。

短时强降水 指短时间内降水强度较大，其降雨量达到或超过某一量值的天气现象。这一量值的规定，各地气象台站不尽相同。

凌汛

文开河和武开河 常将冰冻的江河开封"苏醒"叫开河。慢慢解冻的开河方式叫"文开河",对于迅速解冻容易引起冰凌的开河方式叫"武开河"。

我国的凌汛 黄河及其以北的一些较大河流,都有可能在入冬到初春发生凌汛。黄河上游从宁夏到内蒙古的河套段和下游在山东入海的地方,由于河段北流,经常出现凌汛。松花江是我国第二条盛发凌汛的河流。依兰县以下几乎年年出现冰坝,历年最高水位的30%～50%出现在凌汛期间。黑龙江虽然是由高纬度流向低纬度的河流,有时也会出现凌汛危害。

定义 冰裂为凌,水涨为汛,洪水推动冰凌,形成了凌汛。凌汛是江河中的冰凌对水流产生阻力而引起的江河水位明显上涨的现象。通俗地说,就是水面有冰层,且破裂成块状,冰下有水流,带动冰块向下游运动,当河堤狭窄时冰层不断堆积,造成对堤坝的压力过大,即为凌汛,俗称冰排。冰凌有时可以聚集成冰塞或冰坝,造成水位大幅度地抬高,最终漫滩或决堤,称为凌洪。在冬季的封河期和春季的开河期都有可能发生凌汛。

风暴潮

分类　风暴潮根据风暴的性质，通常分为由台风引起的台风风暴潮和由温带气旋引起的温带风暴潮两大类。

台风风暴潮，多见于夏秋季节。其特点是：来势猛、速度快、强度大、破坏力强。凡是有台风影响的沿海地区均可能会有台风风暴潮发生。

温带风暴潮，多发生于春秋季节，夏季也时有发生。其特点是：增水过程比较平缓，增水高度低于台风风暴潮。主要发生在我国北方海区沿岸。

定义　又称为"风暴海啸"或"气象海啸"，在我国历史文献中又多称为"海溢"、"海侵"、"海啸"及"大海潮"等。由于剧烈的大气扰动，如强风和气压骤变（通常指台风和温带气旋等灾害性天气系统）导致海水异常升降，使受其影响的海区的潮位大大超过平常潮位的现象。我国是世界上两类风暴潮灾害都非常严重的少数国家之一，风暴潮灾害一年四季均可发生，从南到北所有沿岸均无幸免。

空间天气灾害

定义 空间天气是指瞬间或短时间内发生在太阳表面、行星际、磁层、电离层和热层大气中的太阳风，可以影响人类在地面及其以上所使用的技术系统的正常运行，危害人类活动、健康和生命的"天气"条件或状态。

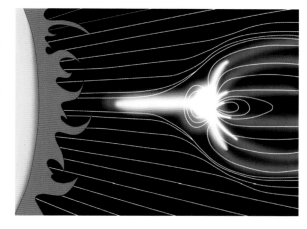

空间天气与大气天气的区别 空间天气没有阴晴之分，但有太阳和地磁场的平静与扰动之别，空间天气不关心人们的"冷暖"，空间天气关心的风是太阳的风，"雨"是来自太阳的带电粒子流。

灾害性空间天气 太阳活动的突然增强和地球空间能量的积蓄和释放，是灾害性天气发生的主要因素。通常分为太阳风暴和地球空间暴两大类型。太阳风暴是指由太阳上的各种爆炸性活动（如太阳黑子大量增多）以及太阳风变化而引发的各种现象；地球空间暴是指地球空间内各区域的场和粒子处于剧烈的扰动状态，如磁暴等。它可以使卫星提前失效乃至陨落，通信中断，

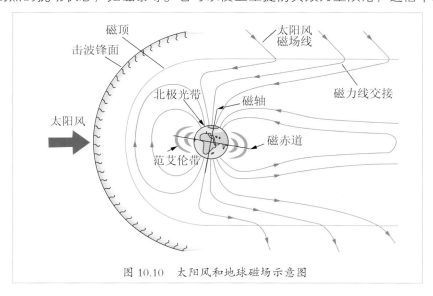

图 10.10 太阳风和地球磁场示意图

导航、跟踪失误，电力系统损坏，危害人类健康。

太阳风 是一种连续存在的，来自太阳并高速运动的物质粒子流。这种物质虽然与地球上的空气不同，不是由气体的分子组成，而是由更简单的比原子还小一个层次的基本粒子——质子和电子等组成，但它们流动时所产生的效应与空气流动十分相似，所以称它为太阳风。太阳风虽然十分稀薄，它刮起来非常猛烈，却远远胜过地球上的风。在地球上，12级台风的风速是每秒32.7米以上，而太阳风的风速，在地球附近却经常保持在每秒350～450千米，是地球风速的上万倍，最猛烈时可达每秒800千米以上。太阳风虽然猛烈，却不会吹袭到地球上来。这是因为地球地磁场把太阳风阻挡在地球之外。然而仍然会有少数漏网分子闯进来，给地球带来一系列破坏，比如破坏地球电离层的结构，使其丧失反射无线电波的能力。

图 10.11　空间天气灾害对国计民生的可能影响

附录一　干洁大气成分表

气体	容积含量 %	气体	容积含量 %	气体	容积含量 %
氮（N_2）	78.084	氢（H_2）	5.0×10^{-5}	沼气（CH_4）	1.8×10^{-4}
氧（O_2）	20.947	氙（Xe）	8.7×10^{-6}	一氧化碳（CO）	6.0×10^{-6} ~ 1.0×10^{-5}
氩（Ar）	0.934	氡（Rn）	微　量	二氧化硫（SO_2）	1.0×10^{-4}
氖（Ne）	1.82×10^{-3}	水（H_2O）	0.1 ~ 4.0	氧化二氮（N_2O）	2.7×10^{-5}
氦（He）	5.24×10^{-4}	二氧化碳（CO_2）	0.032	一氧化氮（NO）	微　量
氪（Kr）	1.14×10^{-4}	臭氧（O_3）	1.0×10^{-6} ~ 1.0×10^{-5}	二氧化氮（NO_2）	微　量

附录二　扩大的蒲福风力等级表

　　风力等级简称风级，是风强度（风力）的一种表示方法。国际通用的风力等级是由英国人蒲福于 1805 年拟定的，故又称"蒲福风力等级"，它最初是根据风对炊烟、沙尘、地物、渔船、海浪等的影响大小分为 0～12 级，共 13 个等级。后来，又在原分级的基础上，增加了相应的风速界限。自 1946 年以来，风力等级又作了扩充，增加到 18 个等级（0～17 级）。

风级	名称	平地上离地 10 米处的风速			陆地地面物象	海面波浪	平均浪高（米）	最高浪高（米）
		海里/小时	米/秒	千米/小时				
0	无风	<1	0.0～0.2	<1	静，烟直上	平静	0.0	0.0
1	软风	1～3	0.3～1.5	1～5	烟示风向	微波峰无飞沫	0.1	0.1
2	轻风	4～6	1.6～3.3	6～11	感觉有风	小波峰未破碎	0.2	0.3
3	微风	7～10	3.4～5.4	12～19	旌旗展开	小波峰顶破裂	0.6	1.0
4	和风	11～16	5.5～7.9	20～28	吹起尘土	小浪白沫波峰	1.0	1.5
5	劲风	17～21	8.0～10.7	29～38	小树摇摆	中浪白沫峰群	2.0	2.5
6	强风	22～27	10.8～13.8	39～49	电线有声	大浪白沫离峰	3.0	4.0
7	疾风	28～33	13.9～17.1	50～61	步行困难	破峰白沫成条	4.0	5.5
8	大风	34～40	17.2～20.7	62～74	折毁树枝	浪长高有浪花	5.5	7.5
9	烈风	41～47	20.8～24.4	75～88	小损房屋	浪峰倒卷	7.0	10.0

风级	名称	平地上离地 10 米处的风速			陆地地面物象	海面波浪	平均浪高（米）	最高浪高（米）
		海里／小时	米／秒	千米／小时				
10	狂风	48～55	24.5～28.4	89～102	拔起树木	海浪翻滚咆哮	9.0	12.5
11	暴风	56～63	28.5～32.6	103～117	损毁重大	波峰全呈飞沫	11.5	16.0
12	飓风	64～71	32.7～36.9	118～133	摧毁极大	海浪滔天	14.0	－
13	－	72～80	37.0～41.4	134～149	－	－	－	－
14	－	81～89	41.5～46.1	150～166	－	－	－	－
15	－	90～99	46.2～50.9	167～183	－	－	－	－
16	－	100～108	51.0～56.0	184～201	－	－	－	－
17	－	109～118	56.1～61.2	202～220	－	－	－	－

0 级：烟柱直冲天	1 级：青烟随风偏	2 级：轻风吹脸面	3 级：叶动红旗展
4 级：枝摇飞纸片	5 级：带叶小树摇	6 级：举伞步行艰	7 级：迎风走不便
8 级：风吹树枝断	9 级：屋顶飞瓦片	10 级：拔树又倒屋	11、12 级及其以上：陆上很少见

附录三　云的分类表

　　根据云底的高度，云可分成高云、中云、低云三大云族。然后再按云的外形特征、结构和成因可将其划分为十属二十九类。

云族	云　属		云　类		
	中文学名	国际简写	中文学名	国际简写	拉丁文学名
低云	积云	Cu	淡积云	Cu hum	Cumulus humilis
			碎积云	Fc	Fractocumulus
			浓积云	Cu cong	Cumulus congestus
	积雨云	Cb	秃积雨云	Cb calv	Cumulonimbus calvus
			鬃积雨云	Cb cap	Cumulonimbus capillatus
	层积云	Sc	透光层积云	Sc tra	Stratocumulus translucidus
			蔽光层积云	Sc op	Stratocumulus opacus
			积云性层积云	Sc cug	Stratocumulus cumulogenitus
			堡状层积云	Sc cast	Stratocumulus castellanus
			荚状层积云	Sc lent	Stratocumulus lenticularis
	层云	St	层云	St	Stratus
			碎层云	Fs	Fractostratus
	雨层云	Ns	雨层云	Ns	Nimbostratus
			碎雨云	Fn	Fractonimbus

云族	云 属		云 类		
	中文学名	国际简写	中文学名	国际简写	拉丁文学名
中云	高层云	As	透光高层云	As tra	Altostratus translucidus
			蔽光高层云	As op	Altostratus opacus
	高积云	Ac	透光高积云	Ac tra	Altocumulus translucidus
			蔽光高积云	Ac op	Altocumulus opacus
			荚状高积云	Ac lent	Altocumulus lenticularis
			积云性高积云	Ac cug	Altocumulus cumulogenitus
			絮状高积云	Ac flo	Altocumulus floccus
			堡状高积云	Ac cast	Altocumulus castellanus
高云	卷云	Ci	毛卷云	Ci fil	Cirrus filosus
			密卷云	Ci dens	Cirrus densus
			伪卷云	Ci not	Cirrus nothus
			钩卷云	Ci unc	Cirrus uncinus
	卷层云	Cs	毛卷层云	Cs fil	Cirrostratus filosus
			匀卷层云	Cs nebu	Cirrostratus nebulosus
	卷积云	Cc	卷积云	Cc	Cirrocumulus

附录四　降水量等级标准表

降水等级用语	12 小时降水总量（毫米）	24 小时降水总量（毫米）
毛毛雨、小雨、阵雨	0.1 ~ 4.9	0.1 ~ 9.9
中雨	5.0 ~ 14.9	10.0 ~ 24.9
大雨	15.0 ~ 29.9	25.0 ~ 49.9
暴雨	30.0 ~ 69.9	50.0 ~ 99.9
大暴雨	70.0 ~ 139.9	100.0 ~ 249.9
特大暴雨	≥ 140.0	≥ 250.0

附录五　降雪等级标准表

　　降雪等级标准通常是指在规定时间段内持续降雪或降雪量折算成降雨量为等级划分的标准。降雪量与积雪深度的对应关系：当降雪落地后无融化时，一般而言，在北方地区 1 毫米降雪量可形成的积雪深度有 8 ~ 10 毫米，在南方地区积雪深度有 6 ~ 8 毫米。

降雪等级用语	12 小时降水总量（毫米）	24 小时降水总量（毫米）
小雪	0.1 ~ 0.9	0.1 ~ 2.4
中雪	1.0 ~ 2.9	2.5 ~ 4.9
大雪	3.0 ~ 5.9	5.0 ~ 9.9
暴雪	≥ 6.0	≥ 10.0

　　注：降雪量是指在规定时间段内持续降雪的数量。
　　　　积雪是指在视野范围内有一半以上的面积被雪层覆盖。
　　　　积雪深度是指从积雪表面到地面的深度。

附录六　天气图形符号

序号	黑白符号	彩色符号	名称	名称（英文）	说明
1			晴 （白天）	sunny	适用于白天时间段晴的表示以及不区分白天、夜晚时间段时晴的表示
2			晴 （夜晚）	sunny at night	适用于夜晚的晴
3			多云 （白天）	cloudy	适用于白天的多云以及不区分白天、夜晚时间段时多云的表示
4			多云 （夜晚）	cloudy at night	适用于夜晚的多云
5			阴天	svercast	
6			小雨	light rain	
7			中雨	moderate rain	
8			大雨	heavy rain	
9			暴雨	torrential rain	适用于暴雨及暴雨以上降雨
10			阵雨	shower	

续表

序号	黑白符号	彩色符号	名称	名称（英文）	说明
11			雷阵雨	thunder shower	
12			雷电	lightning	
13			冰雹	hail	
14			轻雾	light fog	
15			雾	fog	
16			浓雾	severe fog	
17			霾	haze	
18			雨夹雪	sleet	
19			小雪	light snow	
20			中雪	moderate snow	
21			大雪	heavy snow	
22			暴雪	torrential snow	适用于暴雪以及暴雪以上降雪
23			冻雨	freezing rain	
24			霜冻	frost	

续表

序号	黑白符号	彩色符号	名称	名称（英文）	说明
25	F	F	4级风	4-force wind	
26	F	F	5级风	5-force wind	
27	F	F	6级风	6-force wind	
28	F	F	7级风	7-force wind	
29	P	P	8级风	8-force wind	
30	F	F	9级风	9-force wind	
31	F	F	10级风	10-force wind	
32	F	F	11级风	11-force wind	
33	F	F	12级及以上风	12-force wind	适用于12级及12级以上风
34	🌀	🌀	台风	tropical cyclone	适用于热带气旋各等级（含热带低压、热带风暴、强热带风暴、台风、强台风、超强台风）
35	S	S	浮尘	floating dust	
36	S	S	扬沙	dust blowing	
37	S	S	沙尘暴	sandstorm/duststorm	适用于沙尘暴、强沙尘暴、特强沙尘暴

附录七 二十四节气和七十二候简表

季节	月份	节 气	太阳到达黄经	七十二候		
				第一候	第二候	第三候
春季	孟春	立春（2月4-5日）	315°	东风解冻	蛰虫始振	鱼陟负冰
			二十四节气的含义			
			立春：其含义是开始进入春天，"阳和起蛰，品物皆春"，过了立春，万物复苏生机勃勃，一年四季从此开始了。			
			二十四节气农事歌			
			立春春打六九头，春播备耕早动手，一年之计在于春，农业生产创高优。			
		雨水（2月19-20日）	330°	獭祭鱼	候雁北	草木萌动
			二十四节气的含义			
			雨水：这时春风遍吹，冰雪融化，空气湿润，雨水增多，所以叫雨水。人们常说："立春天渐暖，雨水送肥忙。"			
			二十四节气农事歌			
			雨水春雨贵如油，顶凌耙耢防墒流，多积肥料多打粮，精选良种夺丰收。			
春季	仲春	惊蛰（3月5-6日）	345°	桃始花	仓庚鸣	鹰化为鸠
			二十四节气的含义			
			惊蛰：这个节气表示"立春"以后天气转暖，春雷开始震响，蛰伏在泥土里的各种冬眠动物将苏醒开始活动起来，所以叫惊蛰。这个时期过冬的虫排卵也要开始孵化。我国部分地区进入了春耕季节。谚语云："惊蛰过，暖和和，蛤蟆老角唱山歌。""惊蛰一犁土，春分地气通。"			
			二十四节气农事歌			
			惊蛰天暖地气开，冬眠蛰虫苏醒来，冬麦镇压来保墒，耕地耙耢种春麦。			
		春分（3月20-21日）	0°	玄鸟至	雷乃发声	始电
			二十四节气的含义			
			春分：春分日太阳在赤道上方。这是春季90天的中分点，这一天南北两半球昼夜相等，所以叫春分。这天以后太阳直射位置便向北移，北半球昼长夜短。所以春分是北半球春季开始。我国大部分地区越冬作物进入春季生长阶段。各地农谚有："春分在前，斗米斗钱"（广东）、"春分甲子雨绵绵，夏分甲子火烧天"（四川）、"春分有雨家家忙，先种瓜豆后插秧"（湖北）、"春分种菜，大暑摘瓜"（湖南）、"春分种麻种豆，秋分种麦种蒜"（安徽）。			
			二十四节气农事歌			
			春分风多雨水少，土地解冻起春潮，稻田平整早翻晒，冬麦返青把水浇。			

续表

季节	月份	节　气	太阳到达黄经	七十二候		
				第一候	第二候	第三候
春季	季春	 清明（4月4-5日）	15°	桐始华	田鼠化鴽	虹始见
			二十四节气的含义			
			清明：此时天气清爽暖和，草木始发新枝芽，万物开始生长，农民忙于春耕春种。从前，在清明节这一天，有些人家都在门口插上杨柳条，还到郊外踏青，祭扫坟墓，这是古老的习俗。			
			二十四节气农事歌			
			清明春始草青青，种瓜点豆好时辰，植树造林种甜菜，水稻育秧选好种。			
		谷雨（4月20-21日）	30°	萍始生	鸣鸠拂羽	戴胜降于桑
			二十四节气的含义			
			谷雨：就是雨水生五谷的意思，由于雨水滋润大地五谷得以生长，所以，谷雨就是“雨生百谷”。谚云“谷雨前后，种瓜种豆”。			
			二十四节气农事歌			
			谷雨雪断霜未断，杂粮播种莫迟延，家燕归来淌头水，苗圃枝接耕果园。			
夏季	孟夏	立夏（5月5-6日）	45°	蝼蝈鸣	蚯蚓出	王瓜生
			二十四节气的含义			
			立夏：是夏季的开始，从此进入夏天，万物旺盛。习惯上把立夏当作是气温显著升高，炎暑将临，雷雨增多，农作物进入旺季生长的一个重要节气。			
			二十四节气农事歌			
			立夏麦苗节节高，平田整地栽稻苗，中耕除草把墒保，温棚防风要管好。			
		小满（5月20-21日）	60°	苦菜秀	靡草死	麦秋至
			二十四节气的含义			
			小满：从小满开始，大麦、冬小麦等夏收作物，已经结果、籽粒饱满，但尚未成熟，所以叫小满。			
			二十四节气农事歌			
			小满温和春意浓，防治蚜虫麦秆蝇，稻田追肥促分蘗，抓绒剪毛防冷风。			

续表

季节	月份	节 气	太阳到达黄经	七十二候		
				第一候	第二候	第三候
夏季	仲夏	芒种（6月6-7日）	75°	螳螂生	鵙始鸣	反舌无声
		二十四节气的含义				
		芒种："芒"指有芒作物如小麦、大麦等，"种"指种子。芒种即表明小麦等有芒作物成熟。芒种前后，我国中部的长江中、下游地区，雨量增多，气温升高，进入连绵阴雨的梅雨季节，空气非常潮湿，天气异常闷热，各种器具和衣物容易发霉，所以在我国长江中、下游地区也叫"霉雨"。				
		二十四节气农事歌				
		芒种雨少气温高，玉米间苗和定苗，糜谷荞麦抢墒种，稻田中耕勤除草。				
		夏至（6月21-22日）	90°	鹿角解	蜩始鸣	半夏生
		二十四节气的含义				
		夏至："夏至点"时，阳光几乎直射北回归线上空，北半球正午太阳最高。这一天是北半球白昼最长、黑夜最短的一天。古时候把这一天叫做日北至，意思是太阳运升到最北的一日。过了夏至，太阳逐渐向南移动，北半球白昼一天比一天缩短，黑夜一天比一天加长。				
		二十四节气农事歌				
		夏至夏始冰雹猛，拔杂去劣选好种，消雹增雨干热风，玉米追肥防黏虫。				
	季夏	小暑（7月7-8日）	105°	温风至	蟋蟀居壁	鹰始挚
		二十四节气的含义				
		小暑：天气已经很热，但不到最热的时候，所以叫小暑。此时，已是初伏前后。				
		二十四节气农事歌				
		小暑进入三伏天，龙口夺食抢时间，玉米中耕又培土，防雨防火莫等闲。				
		大暑（7月23-24日）	120°	腐草为萤	土润溽暑	大雨时行
		二十四节气的含义				
		大暑：大暑是一年中最热的节气，正值二伏前后，长江流域的许多地方，经常出现40℃高温天气。要作好防暑降温工作。这个节气雨水多，要注意防汛防涝。				
		二十四节气农事歌				
		大暑大热暴雨增，复种秋菜紧防洪，勤测预报稻瘟病，深水护秧防高温。				

季节	月份	节　气	太阳到达黄经	七十二候		
				第一候	第二候	第三候
秋季	孟秋	立秋（8月7-8日）	135°	凉风至	白露降	寒蝉鸣
			二十四节气的含义			
			立秋：从这一天起秋天开始，秋高气爽，月明风清。此后，气温由最热逐渐下降。			
			二十四节气农事歌			
			立秋秋始雨淋淋，及早防治玉米螟，深翻深耕土变金，苗圃芽接摘树心。			
		处暑（8月23-24日）	150°	鹰乃祭鸟	天地始肃	禾乃登
			二十四节气的含义			
			处暑：这时夏季火热已经到头了。暑气就要散了。它是温度下降的一个转折点。是气候变凉的象征，表示暑天终止。			
			二十四节气农事歌			
			处暑伏尽秋色美，玉米甜菜要灌水，粮菜后期勤管理，冬麦整地备种肥。			
	仲秋	白露（9月8-9日）	165°	鸿雁来	玄鸟归	群鸟养羞
			二十四节气的含义			
			白露：天气转凉，地面水汽结露最多。			
			二十四节气农事歌			
			白露夜寒白天热，播种冬麦好时节，灌稻晒田收葵花，早熟苹果忙采摘。			
		秋分（9月23-24日）	180°	雷始收声	蛰虫坏户	水始涸
			二十四节气的含义			
			秋分：秋分这一天同春分一样，阳光几乎直射赤道，昼夜几乎相等。从这一天起，阳光直射位置继续由赤道向南半球推移，北半球开始昼短夜长。依我国旧历的秋季论，这一天刚好是秋季九十天的一半，因而称秋分。但在天文学上规定，北半球的秋天是从秋分开始的。			
			二十四节气农事歌			
			秋分秋雨天渐凉，稻黄果香秋收忙，碾谷脱粒交公粮，山区防霜听气象。			

续表

季节	月份	节气	太阳到达黄经	七十二候		
				第一候	第二候	第三候
秋季	季秋	寒露（10月8-9日）	195°	鸿雁来宾	雀入大水为蛤	菊有黄华
			二十四节气的含义			
			寒露：白露后，天气转凉，开始出现露水，到了寒露，则露水日多，且气温更低了。所以，有人说，寒是露之气，先白而后寒，是气候将逐渐转冷的意思。而水汽则凝成白色露珠。			
			二十四节气农事歌			
			寒露草枯雁南飞，洋芋甜菜忙收回，管好萝卜和白菜，秸秆还田秋施肥。			
		霜降（10月23-24日）	210°	豺乃祭兽	草木黄落	蛰虫咸俯
			二十四节气的含义			
			霜降：天气渐冷，开始有霜。			
			二十四节气农事歌			
			霜降结冰又结霜，抓紧秋翻蓄好墒，防冻日消灌冬水，脱粒晒谷修粮仓。			
冬季	孟冬	立冬（11月7-8日）	225°	水始冰	地始冻	雉入大水为蜃
			二十四节气的含义			
			立冬：习惯上，我国人民把这一天当作冬季的开始。冬，作为终了之意，是指一年的田间操作结束了，作物收割之后要收藏起来的意思。立冬一过，我国黄河中、下游地区即将结冰，我国各地农民都将陆续地转入农田水利基本建设和其他农事活动中。			
			二十四节气农事歌			
			立冬地冻白天消，羊只牲畜圈修牢，培田整地修渠道，农田建设掀高潮。			
		小雪（11月22-23日）	240°	虹藏不见	天气上腾地气下降	闭塞而成冬
			二十四节气的含义			
			小雪：气温下降，开始降雪，但还不到大雪纷飞的时节，所以叫小雪。小雪前后，黄河流域开始降雪（南方降雪还要晚两个节气）；而北方已进入封冻季节。			
			二十四节气农事歌			
			小雪地封初雪飘，幼树葡萄快埋好，利用冬闲积肥料，庄稼没肥瞎胡闹。			

季节	月份	节 气	太阳到达黄经	七十二候		
				第一候	第二候	第三候
冬季	仲冬	大雪（12月7-8日）	255°	鹖鴠不鸣	虎始交	荔挺出
			二十四节气的含义			
			大雪：大雪前后，黄河流域一带渐有积雪；而北方已是"千里冰封，万里雪飘"的严冬了。			
			二十四节气农事歌			
			大雪腊雪兆丰年，多种经营创高产，及时耙耱保好墒，多积肥料找肥源。			
	仲冬	冬至（12月22-23日）	270°	蚯蚓结	麋角解	水泉动
			二十四节气的含义			
			冬至：冬至这一天，阳光几乎直射南回归线，北半球白昼最短，黑夜最长，开始进入数九寒天。天文学上规定这一天是北半球冬季的开始。而冬至以后，阳光直射位置逐渐向北移动，北半球的白天就逐渐长了，谚云：吃了冬至面，一天长一线。			
			二十四节气农事歌			
			冬至严寒数九天，羊只牲畜要防寒，积极参加夜技校，增产丰收靠科研。			
	季冬	小寒（1月5-6日）	285°	雁北乡	鹊始巢	雉始雊
			二十四节气的含义			
			小寒：小寒以后，开始进入寒冷季节。冷气积久而寒，小寒是天气寒冷但还没有到极点的意思。			
			二十四节气农事歌			
			小寒进入三九天，丰收致富庆元旦，冬季参加培训班，不断总结新经验。			
		大寒（1月20-21日）	300°	鸡始乳	征鸟厉疾	水泽腹坚
			二十四节气的含义			
			大寒：大寒就是天气寒冷到了极点的意思。大寒前后是一年中最冷的季节。大寒正值三九刚过，四九之初。谚云："三九四九不出手"。大寒以后，立春接着到来，天气渐暖。至此地球绕太阳公转一周，完成了一个循环。			
			二十四节气农事歌			
			大寒虽冷农户欢，富民政策夸不完，联产承包继续干，欢欢喜喜过个年。			

附录八　热带气旋等级分类表

热带气旋等级	底层中心附近最大平均风速（米／秒）	底层中心附近最大风力（级）
热带低压（TD）	10.8 ~ 17.1	6 ~ 7
热带风暴（TS）	17.2 ~ 24.4	8 ~ 9
强热带风暴（STS）	24.5 ~ 32.6	10 ~ 11
台风（TY）	32.7 ~ 41.4	12 ~ 13
强台风（STY）	41.5 ~ 50.9	14 ~ 15
超强台风（SuperTY）	≥ 51.0	16 或以上

附录九　沙尘天气分类表

名称	标　准
浮尘	水平能见度小于 10 千米
扬沙	水平能见度 1 ~ 10 千米
沙尘暴	水平能见度 0.5 ~ 1 千米
强沙尘暴	水平能见度 50 ~ 500 米
特强沙尘暴	水平能见度小于 50 米

附录十　雾的分类表

名称	标　准
雾	水平能见度 500 ~ 1000 米
浓雾	水平能见度 50 ~ 500 米
强浓雾	水平能见度不足 50 米

附录十一 干旱分类表

世界气象组织承认以下六种干旱类型：

1. **气象干旱**：根据不足降水量，以特定历时降水的绝对值表示。

2. **气候干旱**：根据不足降水量，不是以特定数量，是以与平均值或正常值的比率表示。

3. **大气干旱**：不仅涉及降水量，而且涉及温度、湿度、风速、气压等气候因素。

4. **农业干旱**：主要涉及土壤含水量和植物生态，或是某种特定作物的性态。

我国比较通用的干旱定义：

气象干旱：不正常的干燥天气时期，持续缺水足以影响区域引起严重水文不平衡。

农业干旱：降水量不足的气候变化，对作物产量或牧场产量足以产生不利影响。

水文干旱：在河流、水库、地下水含水层，湖泊和土壤中低于平均含水量的时期。

5. **水文干旱**：主要考虑河道流量的减少，湖泊或水库库容的减少和地下水位的下降。

6. **用水管理干旱**：其特性是由于用水管理的实际操作或设施的破坏引起的缺水。

干旱的分类

名称	标 准
小旱	连续无降雨天数：春季达 16 ~ 30 天、夏季 16 ~ 25 天、秋冬季 31 ~ 50 天。特点为降水较常年偏少，空气干燥，土壤出现水分轻度不足，对农作物有轻微影响。
中旱	连续无降雨天数：夏季 26 ~ 35 天、秋冬季 51 ~ 70 天。
大旱	连续无降雨天数：春季达 46 ~ 60 天、夏季 36 ~ 45 天、秋冬季 71 ~ 90 天。
特大旱	连续无降雨天数：春季在 61 天以上、夏季在 46 天以上、秋冬季在 91 天以上。

附录十二　气象灾害预警信号及防御指南

一、台风预警信号

台风预警信号分四级，分别以蓝色、黄色、橙色和红色表示。

（一）台风蓝色预警信号

图标：

标准：24小时内可能或者已经受热带气旋影响，沿海或者陆地平均风力达6级以上，或者阵风8级以上并可能持续。

（二）台风黄色预警信号

图标：

标准：24小时内可能或者已经受热带气旋影响，沿海或者陆地平均风力达8级以上，或者阵风10级以上并可能持续。

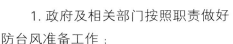

防御指南：

1. 政府及相关部门按照职责做好防台风准备工作；

2. 停止露天集体活动和高空等户外危险作业；

3. 相关水域水上作业和过往船舶采取积极的应对措施，如回港避风或者绕道航行等；

4. 加固门窗、围板、棚架、广告牌等易被风吹动的搭建物，切断危险的室外电源。

防御指南：

1. 政府及相关部门按照职责做好防台风应急准备工作；

2. 停止室内外大型集会和高空等户外危险作业；

3. 相关水域水上作业和过往船舶采取积极的应对措施，加固港口设施，防止船舶走锚、搁浅和碰撞；

4. 加固或者拆除易被风吹动的搭建物，人员切勿随意外出，确保老人小孩留在家中最安全的地方，危房人员及时转移。

（三）台风橙色预警信号

图标：

标准：12 小时内可能或者已经受热带气旋影响，沿海或者陆地平均风力达 10 级以上，或者阵风 12 级以上并可能持续。

防御指南：

1. 政府及相关部门按照职责做好防台风抢险应急工作；

2. 停止室内外大型集会、停课、停业（除特殊行业外）；

3. 相关水域水上作业和过往船舶应当回港避风，加固港口设施，防止船舶走锚、搁浅和碰撞；

4. 加固或者拆除易被风吹动的搭建物，人员应当尽可能待在防风安全的地方，当台风中心经过时风力会减小或者静止一段时间，切记强风将会突然吹袭，应当继续留在安全处避风，危房人员及时转移；

5. 相关地区应当注意防范强降水可能引发的山洪、地质灾害。

（四）台风红色预警信号

图标：

标准：6 小时内可能或者已经受热带气旋影响，沿海或者陆地平均风力达 12 级以上，或者阵风达 14 级以上并可能持续。

防御指南：

1. 政府及相关部门按照职责做好防台风应急和抢险工作；

2. 停止集会、停课、停业（除特殊行业外）；

3. 回港避风的船舶要视情况采取积极措施，妥善安排人员留守或者转移到安全地带；

4. 加固或者拆除易被风吹动的搭建物，人员应当待在防风安全的地方，当台风中心经过时风力会减小或者静止一段时间，切记强风将会突然吹袭，应当继续留在安全处避风，危房人员及时转移；

5. 相关地区应当注意防范强降水可能引发的山洪、地质灾害。

二、暴雨预警信号

暴雨预警信号分四级，分别以蓝色、黄色、橙色、红色表示。

（一）暴雨蓝色预警信号

图标：

标准：12 小时内降雨量将达 50 毫米以上，或者已达 50 毫米以上且降雨可能持续。

防御指南：

1. 政府及相关部门按照职责做好防暴雨准备工作；

2. 学校、幼儿园采取适当措施，保证学生和幼儿安全；

3. 驾驶人员应当注意道路积水和交通阻塞，确保安全；

4. 检查城市、农田、鱼塘排水系统，做好排涝准备。

（二）暴雨黄色预警信号

图标：

标准：6 小时内降雨量将达 50 毫米以上，或者已达 50 毫米以上且降雨可能持续。

防御指南：

1. 政府及相关部门按照职责做好防暴雨工作；

2. 交通管理部门应当根据路况在强降雨路段采取交通管制措施，在积水路段实行交通引导；

3. 切断低洼地带有危险的室外电源，暂停在空旷地方的户外作业，转移危险地带人员和危房居民到安全场所避雨；

4. 检查城市、农田、鱼塘排水系统，采取必要的排涝措施。

（三）暴雨橙色预警信号

图标：

标准：3 小时内降雨量将达
50 毫米以上，或者已达 50 毫米
以上且降雨可能持续。

防御指南：

1. 政府及相关部门按照职责做好
防暴雨应急工作；

2. 切断有危险的室外电源，暂停
户外作业；

3. 处于危险地带的单位应当停
课、停业，采取专门措施保护已到校
学生、幼儿和其他上班人员的安全；

4. 做好城市、农田的排涝，注意
防范可能引发的山洪、滑坡、泥石流
等灾害。

（四）暴雨红色预警信号

图标：

标准：3 小时内降雨量将达 100 毫米以上，或者已达 100 毫米以上且降
雨可能持续。

防御指南：

1. 政府及相关部门按
照职责做好防暴雨应急和
抢险工作；

2. 停止集会、停课、
停业（除特殊行业外）；

3. 做好山洪、滑坡、
泥石流等灾害的防御和抢
险工作。

三、暴雪预警信号

暴雪预警信号分四级，分别以蓝色、黄色、橙色、红色表示。

（一）暴雪蓝色预警信号

图标：

标准：12小时内降雪量将达4毫米以上，或者已达4毫米以上且降雪持续，可能对交通或者农牧业有影响。

防御指南：

1. 政府及有关部门按照职责做好防雪灾和防冻害准备工作；

2. 交通、铁路、电力、通信等部门应当进行道路、铁路、线路巡查维护，做好道路清扫和积雪融化工作；

3. 行人注意防寒防滑，驾驶人员小心驾驶，车辆应当采取防滑措施；

4. 农牧区和种养殖业要储备饲料，做好防雪灾和防冻害准备；

5. 加固棚架等易被雪压的临时搭建物。

（二）暴雪黄色预警信号

图标：

标准：12小时内降雪量将达6毫米以上，或者已达6毫米以上且降雪持续，可能对交通或者农牧业有影响。

防御指南：

1. 政府及相关部门按照职责落实防雪灾和防冻害措施；

2. 交通、铁路、电力、通信等部门应当加强道路、铁路、线路巡查维护，做好道路清扫和积雪融化工作；

3. 行人注意防寒防滑，驾驶人员小心驾驶，车辆应当采取防滑措施；

4. 农牧区和种养殖业要备足饲料，做好防雪灾和防冻害准备；

5. 加固棚架等易被雪压的临时搭建物。

（三）暴雪橙色预警信号

图标：

标准：6 小时内降雪量将达 10 毫米以上，或者已达 10 毫米以上且降雪持续，可能或者已经对交通或者农牧业有较大影响。

防御指南：

1. 政府及相关部门按照职责做好防雪灾和防冻害的应急工作；

2. 交通、铁路、电力、通信等部门应当加强道路、铁路、线路巡查维护，做好道路清扫和积雪融化工作；

3. 减少不必要的户外活动；

4. 加固棚架等易被雪压的临时搭建物，将户外牲畜赶入棚圈喂养。

（四）暴雪红色预警信号

图标：

标准：6 小时内降雪量将达 15 毫米以上，或者已达 15 毫米以上且降雪持续，可能或者已经对交通或者农牧业有较大影响。

防御指南：

1. 政府及相关部门按照职责做好防雪灾和防冻害的应急和抢险工作；

2. 必要时停课、停业（除特殊行业外）；

3. 必要时飞机暂停起降，火车暂停运行，高速公路暂时封闭；

4. 做好牧区等救灾救济工作。

四、寒潮预警信号

寒潮预警信号分四级，分别以蓝色、黄色、橙色、红色表示。

（一）寒潮蓝色预警信号

图标：

标准：48 小时内最低气温将要下降 8℃以上，最低气温小于等于 4℃，陆地平均风力可达 5 级以上；或者已经下降 8℃以上，最低气温小于等于 4℃，平均风力达 5 级以上，并可能持续。

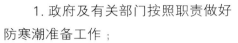

防御指南：

1. 政府及有关部门按照职责做好防寒潮准备工作；

2. 注意添衣保暖；

3. 对热带作物、水产品采取一定的防护措施；

4. 做好防风准备工作。

（二）寒潮黄色预警信号

图标：

标准：24 小时内最低气温将要下降 10℃以上，最低气温小于等于 4℃，陆地平均风力可达 6 级以上；或者已经下降 10℃以上，最低气温小于等于 4℃，平均风力达 6 级以上，并可能持续。

防御指南：

1. 政府及有关部门按照职责做好防寒潮工作；

2. 注意添衣保暖，照顾好老、弱、病人；

3. 对牲畜、家禽和热带、亚热带水果及有关水产品、农作物等采取防寒措施；

4. 做好防风工作。

（三）寒潮橙色预警信号

图标：

标准：24 小时内最低气温将要下降 12℃以上，最低气温小于等于 0℃，陆地平均风力可达 6 级以上；或者已经下降 12℃以上，最低气温小于等于 0℃，平均风力达 6 级以上，并可能持续。

防御指南：

1. 政府及有关部门按照职责做好防寒潮应急工作；

2. 注意防寒保暖；

3. 农业、水产业、畜牧业等要积极采取防霜冻、冰冻等防寒措施，尽量减少损失；

4. 做好防风工作。

（四）寒潮红色预警信号

图标：

标准：24 小时内最低气温将要下降 16℃以上，最低气温小于等于 0℃，陆地平均风力可达 6 级以上；或者已经下降 16℃以上，最低气温小于等于 0℃，平均风力达 6 级以上，并可能持续。

防御指南：

1. 政府及相关部门按照职责做好防寒潮的应急和抢险工作；

2. 注意防寒保暖；

3. 农业、水产业、畜牧业等要积极采取防霜冻、冰冻等防寒措施，尽量减少损失；

4. 做好防风工作。

五、大风预警信号

大风（除台风外）预警信号分四级，分别以蓝色、黄色、橙色、红色表示。

（一）大风蓝色预警信号

图标：

标准：24小时内可能受大风影响，平均风力可达6级以上，或者阵风7级以上；或者已经受大风影响，平均风力为6～7级，或者阵风7～8级并可能持续。

（二）大风黄色预警信号

图标：

标准：12小时内可能受大风影响，平均风力可达8级以上，或者阵风9级以上；或者已经受大风影响，平均风力为8～9级，或者阵风9～10级并可能持续。

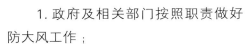

防御指南：

1. 政府及相关部门按照职责做好防大风工作；

2. 关好门窗，加固围板、棚架、广告牌等易被风吹动的搭建物，妥善安置易受大风影响的室外物品，遮盖建筑物资；

3. 相关水域水上作业和过往船舶采取积极的应对措施，如回港避风或者绕道航行等；

4. 行人注意尽量少骑自行车，刮风时不要在广告牌、临时搭建物等下面逗留；

5. 有关部门和单位注意森林、草原等防火。

防御指南：

1. 政府及相关部门按照职责做好防大风工作；

2. 停止露天活动和高空等户外危险作业，危险地带人员和危房居民尽量转到避风场所避风；

3. 相关水域水上作业和过往船舶采取积极的应对措施，加固港口设施，防止船舶走锚、搁浅和碰撞；

4. 切断户外危险电源，妥善安置易受大风影响的室外物品，遮盖建筑物资；

5. 机场、高速公路等单位应当采取保障交通安全的措施，有关部门和单位注意森林、草原等防火。

（三）大风橙色预警信号

图标：

标准：6 小时内可能受大风影响，平均风力可达 10 级以上，或者阵风 11 级以上；或者已经受大风影响，平均风力为 10 ~ 11 级，或者阵风 11 ~ 12 级并可能持续。

防御指南：

1. 政府及相关部门按照职责做好防大风应急工作；

2. 房屋抗风能力较弱的中小学校和单位应当停课、停业，人员减少外出；

3. 相关水域水上作业和过往船舶应当回港避风，加固港口设施，防止船舶走锚、搁浅和碰撞；

4. 切断危险电源，妥善安置易受大风影响的室外物品，遮盖建筑物资；

5. 机场、铁路、高速公路、水上交通等单位应当采取保障交通安全的措施，有关部门和单位注意森林、草原等防火。

（四）大风红色预警信号

图标：

标准：6 小时内可能受大风影响，平均风力可达 12 级以上，或者阵风 13 级以上；或者已经受大风影响，平均风力为 12 级以上，或者阵风 13 级以上并可能持续。

防御指南：

1. 政府及相关部门按照职责做好防大风应急和抢险工作；

2. 人员应当尽可能停留在防风安全的地方，不要随意外出；

3. 回港避风的船舶要视情况采取积极措施，妥善安排人员留守或者转移到安全地带；

4. 切断危险电源，妥善安置易受大风影响的室外物品,遮盖建筑物资；

5. 机场、铁路、高速公路、水上交通等单位应当采取保障交通安全的措施，有关部门和单位注意森林、草原等防火。

六、沙尘暴预警信号

沙尘暴预警信号分三级，分别以黄色、橙色、红色表示。

（一）沙尘暴黄色预警信号

图标：

标准：12 小时内可能出现沙尘暴天气（能见度小于 1000 米），或者已经出现沙尘暴天气并可能持续。

防御指南：

1.政府及相关部门按照职责做好防沙尘暴工作；

2.关好门窗，加固围板、棚架、广告牌等易被风吹动的搭建物，妥善安置易受大风影响的室外物品，遮盖建筑物资，做好精密仪器的密封工作；

3.注意携带口罩、纱巾等防尘用品，以免沙尘对眼睛和呼吸道造成损伤；

4.呼吸道疾病患者、对风沙较敏感人员不要到室外活动。

（二）沙尘暴橙色预警信号

图标：

标准：6 小时内可能出现强沙尘暴天气（能见度小于 500 米），或者已经出现强沙尘暴天气并可能持续。

防御指南：

1.政府及相关部门按照职责做好防沙尘暴应急工作；

2.停止露天活动和高空、水上等户外危险作业；

3.机场、铁路、高速公路等单位做好交通安全的防护措施，驾驶人员注意沙尘暴变化，小心驾驶；

4.行人注意尽量少骑自行车，户外人员应当戴好口罩、纱巾等防尘用品，注意交通安全。

（三）沙尘暴红色预警信号

图标：

标准：6 小时内可能出现特强沙尘暴天气（能见度小于 50 米），或者已经出现特强沙尘暴天气并可能持续。

防御指南：

1. 政府及相关部门按照职责做好防沙尘暴应急抢险工作；

2. 人员应当留在防风、防尘的地方，不要在户外活动；

3. 学校、幼儿园推迟上学或者放学，直至特强沙尘暴结束；

4. 飞机暂停起降，火车暂停运行，高速公路暂时封闭。

七、高温预警信号

高温预警信号分三级，分别以黄色、橙色、红色表示。

（一）高温黄色预警信号

图标：

标准：连续三天日最高气温将在 35℃以上。

防御指南：

1. 有关部门和单位按照职责做好防暑降温准备工作；

2. 午后尽量减少户外活动；

3. 对老、弱、病、幼人群提供防暑降温指导；

4. 高温条件下作业和白天需要长时间进行户外露天作业的人员应当采取必要的防护措施。

（二）高温橙色预警信号

图标：

标准：24 小时内最高气温将升至 37℃以上。

防御指南：

1. 有关部门和单位按照职责落实防暑降温保障措施；

2. 尽量避免在高温时段进行户外活动，高温条件下作业的人员应当缩短连续工作时间；

3. 对老、弱、病、幼人群提供防暑降温指导，并采取必要的防护措施；

4. 有关部门和单位应当注意防范因用电量过高，以及电线、变压器等电力负载过大而引发的火灾。

（三）高温红色预警信号

图标：

标准：24 小时内最高气温将升至 40℃以上。

防御指南：

1. 有关部门和单位按照职责采取防暑降温应急措施；

2. 停止户外露天作业（除特殊行业外）；

3. 对老、弱、病、幼人群采取保护措施；

4. 有关部门和单位要特别注意防火。

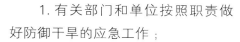

八、干旱预警信号

干旱预警信号分二级，分别以橙色、红色表示。干旱指标等级划分，以国家标准《气象干旱等级》（GB/T20481–2006）中的综合气象干旱指数为标准。

（一）干旱橙色预警信号

图标：

标准：预计未来一周综合气象干旱指数达到重旱（气象干旱为 25 ~ 50 年一遇），或者某一县（区）有 40% 以上的农作物受旱。

（二）干旱红色预警信号

图标：

防御指南：

1. 有关部门和单位按照职责做好防御干旱的应急工作；

2. 有关部门启用应急备用水源，调度辖区内一切可用水源，优先保障城乡居民生活用水和牲畜饮水；

3. 压减城镇供水指标，优先经济作物灌溉用水，限制大量农业灌溉用水；

4. 限制非生产性高耗水及服务业用水，限制排放工业污水；

5. 气象部门适时进行人工增雨作业。

标准：预计未来一周综合气象干旱指数达到特旱（气象干旱为 50 年以上一遇），或者某一县（区）有 60% 以上的农作物受旱。

防御指南：

1. 有关部门和单位按照职责做好防御干旱的应急和救灾工作；

2. 各级政府和有关部门启动远距离调水等应急供水方案，采取提外水、打深井、车载送水等多种手段，确保城乡居民生活和牲畜饮水；

3. 限时或者限量供应城镇居民生活用水，缩小或者阶段性停止农业灌溉供水；

4. 严禁非生产性高耗水及服务业用水，暂停排放工业污水；

5. 气象部门适时加大人工增雨作业力度。

九、雷电预警信号

雷电预警信号分三级，分别以黄色、橙色、红色表示。

（一）雷电黄色预警信号

图标：

标准：6小时内可能发生雷电活动，可能会造成雷电灾害事故。

（二）雷电橙色预警信号

图标：

标准：2小时内发生雷电活动的可能性很大，或者已经受雷电活动影响，且可能持续，出现雷电灾害事故的可能性比较大。

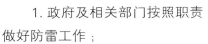

防御指南：

1. 政府及相关部门按照职责做好防雷工作；

2. 密切关注天气，尽量避免户外活动。

防御指南：

1. 政府及相关部门按照职责落实防雷应急措施；

2. 人员应当留在室内，并关好门窗；

3. 户外人员应当躲入有防雷设施的建筑物或者汽车内；

4. 切断危险电源，不要在树下、电杆下、塔吊下避雨；

5. 在空旷场地不要打伞，不要把农具、羽毛球拍、高尔夫球杆等扛在肩上。

（三）雷电红色预警信号

图标：

标准：2小时内发生雷电活动的可能性非常大，或者已经有强烈的雷电活动发生，且可能持续，出现雷电灾害事故的可能性非常大。

防御指南：

1.政府及相关部门按照职责做好防雷应急抢险工作；

2.人员应当尽量躲入有防雷设施的建筑物或者汽车内，并关好门窗；

3.切勿接触天线、水管、铁丝网、金属门窗、建筑物外墙，远离电线等带电设备和其他类似金属装置；

4.尽量不要使用无防雷装置或者防雷装置不完备的电视、电话等电器；

5.密切注意雷电预警信息的发布。

十、冰雹预警信号

冰雹预警信号分二级，分别以橙色、红色表示。

（一）冰雹橙色预警信号

图标：

标准：6小时内可能出现冰雹天气，并可能造成雹灾。

防御指南：

1.政府及相关部门按照职责做好防冰雹的应急工作；

2.气象部门做好人工防雹作业准备并择机进行作业；

3.户外行人立即到安全的地方暂避；

4.驱赶家禽、牲畜进入有顶篷的场所，妥善保护易受冰雹袭击的汽车等室外物品或者设备；

5.注意防御冰雹天气伴随的雷电灾害。

（二）冰雹红色预警信号

图标：

标准：2 小时内出现冰雹可能性极大，并可能造成重雹灾。

防御指南：

1. 政府及相关部门按照职责做好防冰雹的应急和抢险工作；

2. 气象部门适时开展人工防雹作业；

3. 户外行人立即到安全的地方暂避；

4. 驱赶家禽、牲畜进入有顶篷的场所，妥善保护易受冰雹袭击的汽车等室外物品或者设备；

5. 注意防御冰雹天气伴随的雷电灾害。

十一、霜冻预警信号

霜冻预警信号分三级，分别以蓝色、黄色、橙色表示。

（一）霜冻蓝色预警信号

图标：

标准：48 小时内地面最低温度将要下降到 0℃以下，对农业将产生影响，或者已经降到 0℃以下，对农业已经产生影响，并可能持续。

防御指南：

1. 政府及农林主管部门按照职责做好防霜冻准备工作；

2. 对农作物、蔬菜、花卉、瓜果、林业育种要采取一定的防护措施；

3. 农村基层组织和农户要关注当地霜冻预警信息，以便采取措施加强防护。

（二）霜冻黄色预警信号

图标：

标准：24 小时内地面最低温度将要下降到零下 3℃以下，对农业将产生严重影响，或者已经降到零下 3℃以下，对农业已经产生严重影响，并可能持续。

（三）霜冻橙色预警信号

图标：

标准：24 小时内地面最低温度将要下降到零下 5℃以下，对农业将产生严重影响，或者已经降到零下 5℃以下，对农业已经产生严重影响，并将持续。

防御指南：

1. 政府及农林主管部门按照职责做好防霜冻应急工作；

2. 农村基层组织要广泛发动群众，防灾抗灾；

3. 对农作物、林业育种要积极采取田间灌溉等防霜冻、冰冻措施，尽量减少损失；

4. 对蔬菜、花卉、瓜果要采取覆盖、喷洒防冻液等措施，减轻冻害。

防御指南：

1. 政府及农林主管部门按照职责做好防霜冻应急工作；

2. 农村基层组织要广泛发动群众，防灾抗灾；

3. 对农作物、蔬菜、花卉、瓜果、林业育种要采取积极的应对措施，尽量减少损失。

十二、大雾预警信号

大雾预警信号分三级，分别以黄色、橙色、红色表示。

（一）大雾黄色预警信号

图标：

标准：12 小时内可能出现能见度小于 500 米的雾，或者已经出现能见度小于 500 米、大于等于 200 米的雾并将持续。

（二）大雾橙色预警信号

图标：

标准：6 小时内可能出现能见度小于 200 米的雾，或者已经出现能见度小于 200 米、大于等于 50 米的雾并将持续。

防御指南：

1. 有关部门和单位按照职责做好防雾准备工作；

2. 机场、高速公路、轮渡码头等单位加强交通管理，保障安全；

3. 驾驶人员注意雾的变化，小心驾驶；

4. 户外活动注意安全。

防御指南：

1. 有关部门和单位按照职责做好防雾工作；

2. 机场、高速公路、轮渡码头等单位加强调度指挥；

3. 驾驶人员必须严格控制车、船的行进速度；

4. 减少户外活动。

（三）大雾红色预警信号

图标：

标准：2 小时内可能出现能见度小于 50 米的雾，或者已经出现能见度小于 50 米的雾并将持续。

防御指南：

1. 有关部门和单位按照职责做好防雾应急工作；

2. 有关单位按照行业规定适时采取交通安全管制措施，如机场暂停飞机起降，高速公路暂时封闭，轮渡暂时停航等；

3. 驾驶人员根据雾天行驶规定，采取雾天预防措施，根据环境条件采取合理行驶方式，并尽快寻找安全停放区域停靠；

4. 不要进行户外活动。

十三、霾预警信号

霾预警信号分二级，分别以黄色、橙色表示。

（一）霾黄色预警信号

图标：

标准：12 小时内可能出现能见度小于 3000 米的霾，或者已经出现能见度小于 3000 米的霾且可能持续。

防御指南：

1. 驾驶人员小心驾驶；

2. 因空气质量明显降低，人员需适当防护；

3. 呼吸道疾病患者尽量减少外出，外出时可戴上口罩。

（二）霾橙色预警信号

图标：

标准：6 小时内可能出现能见度小于 2000 米的霾，或者已经出现能见度小于 2000 米的霾且可能持续。

防御指南：

1.机场、高速公路、轮渡码头等单位加强交通管理，保障安全；

2.驾驶人员谨慎驾驶；

3.空气质量差，人员需适当防护；

4.人员减少户外活动，呼吸道疾病患者尽量避免外出，外出时可戴上口罩。

十四、道路结冰预警信号

道路结冰预警信号分三级，分别以黄色、橙色、红色表示。

（一）道路结冰黄色预警信号

图标：

标准：当路表温度低于 0℃，出现降水，12 小时内可能出现对交通有影响的道路结冰。

防御指南：

1.交通、公安等部门要按照职责做好道路结冰应对准备工作；

2.驾驶人员应当注意路况，安全行驶；

3.行人外出尽量少骑自行车，注意防滑。

（二）道路结冰橙色预警信号

图标：

标准：当路表温度低于 0℃，出现降水，6 小时内可能出现对交通有较大影响的道路结冰。

防御指南：

1. 交通、公安等部门要按照职责做好道路结冰应急工作；

2. 驾驶人员必须采取防滑措施，听从指挥，慢速行驶；

3. 行人出门注意防滑。

（三）道路结冰红色预警信号

图标：

标准：当路表温度低于 0℃，出现降水，2 小时内可能出现或者已经出现对交通有很大影响的道路结冰。

防御指南：

1. 交通、公安等部门做好道路结冰应急和抢险工作；

2. 交通、公安等部门注意指挥和疏导行驶车辆，必要时关闭结冰道路交通；

3. 人员尽量减少外出。

附录十三　西北太平洋和南海的热带气旋命名表

　　1998 年 12 月 1 日至 7 日在菲律宾马尼拉举行的台风委员会第 31 届会议决定新的热带气旋命名方法从 2000 年 1 月 1 日开始执行。台风委员会命名表共有 140 个名字，分别由亚太地区的柬埔寨、中国、朝鲜、中国香港、日本、老挝、中国澳门、马来西亚、密克罗尼西亚联邦、菲律宾、韩国、泰国、美国和越南提供（各提供 10 个）。

西北太平洋和南海的热带气旋命名表
（2008 年 1 月 1 日起生效）

第一列		第二列		第三列		第四列		第五列		备注
英文名	中文名	英文名	中文名	英文名	中文名	英文名	中文名	英文名	中文名	名字来源
Damrey	达维	Kong-rey	康妮	Nakri	娜基莉	Krovanh	科罗旺	Sarika	莎莉嘉	柬埔寨
Haikui	海葵	Yutu	玉兔	Fengshen	风神	Dujuan	杜鹃	Haima	海马	中国
Kirogi	鸿雁	Toraji	桃芝	Kalmaegi	海鸥	Mujigea	彩虹	Meari	米雷	朝鲜
Kai-tak	启德	Man-yi	万宜	Fung-wong	凤凰	Choi-wan	彩云	Ma-on	马鞍	中国香港
Tembin	天秤	Usagi	天兔	Kammuri	北冕	Koppu	巨爵	Tokage	蝎虎	日本
Bolaven	布拉万	Pabuk	帕布	Phanfone	巴蓬	Ketsana	凯萨娜	Nock-ten	洛坦	老挝
Sanba	三巴	Wutip	蝴蝶	Vongfong	黄蜂	Parma	芭玛	Muifa	梅花	中国澳门
Jelawat	杰拉华	Sepat	圣帕	Nuri	鹦鹉	Melor	茉莉	Merbok	苗柏	马来西亚
Ewiniar	艾云尼	Fitow	菲特	Sinlaku	森拉克	Nepartak	尼伯特	Nanmadol	南玛都	密克罗尼西亚
Maliksi	马力斯	Danas	丹娜丝	Hagupit	黑格比	Lupit	卢碧	Talas	塔拉斯	菲律宾
Kaemi	格美	Nari	百合	Changmi	蔷薇	Mirinae	银河	Noru	奥鹿	韩国
Prapiroon	派比安	Wipha	韦帕	Mekkhala	米克拉	Nida	妮妲	Kulap	玫瑰	泰国
Maria	玛莉亚	Francisco	范斯高	Higos	海高斯	Omais	奥麦斯	Roke	洛克	美国
Son Tinh	山神	Lekima	利奇马	Bavi	巴威	Conson	康森	Sonca	桑卡	越南
Bopha	宝霞	Krosa	罗莎	Maysak	美莎克	Chanthu	灿都	Nesat	纳沙	柬埔寨
Wukong	悟空	Haiyan	海燕	Haishen	海神	Dianmu	电母	Haitang	海棠	中国
Sonamu	清松	Podul	杨柳	Noul	红霞	Mindulle	蒲公英	Nalgae	尼格	朝鲜
Shanshan	珊珊	Lingling	玲玲	Dolphin	白海豚	Lionrock	狮子山	Banyan	榕树	中国香港
Yagi	摩羯	Kajiki	剑鱼	Kujira	鲸鱼	Kompasu	圆规	Washi	天鹰	日本
Leepi	丽琵	Faxai	法茜	Chan-hom	灿鸿	Namtheun	南川	Pakhar	帕卡	老挝
Bebinca	贝碧嘉	Peipah	琵琶	Linfa	莲花	Malou	玛瑙	Sanvu	珊瑚	中国澳门
Rumbia	温比亚	Tapah	塔巴	Nangka	浪卡	Meranti	莫兰蒂	Mawar	玛娃	马来西亚
Soulik	苏力	Mitag	米娜	Soudelor	苏迪罗	Fanapi	凡亚比	Guchol	古超	密克罗尼西亚
Cimaron	西马仑	Hagibis	海贝思	Molave	莫拉菲	Malakas	马勒卡	Talim	泰利	菲律宾
Chebi	飞燕	Noguri	浣熊	Koni	天鹅	Megi	鲇鱼	Doksuri	杜苏芮	韩国
Mangkhut	山竹	Rammasun	威马逊	Morakot	莫拉克	Chaba	暹芭	Khanun	卡努	泰国
Utor	尤特	Matmo	麦德姆	Etau	艾涛	Aere	艾利	Vicente	韦森特	美国
Trami	潭美	Halong	夏浪	Vamco	环高	Songda	桑达	Saola	苏拉	越南

　　（注：此为 2007 年 11 月台风委员会第 40 届会议决定更新后的西北太平洋和南海热带气旋命名表）

附录十四 历年世界气象日主题

1960 年 6 月，世界气象组织决定，将每年的 3 月 23 日定为世界气象日。每年的世界气象日，世界气象组织执行委员会都要选定一个主题进行宣传，每一个主题集中反映了人类关注的与气象有关的问题。

1961 年 气象对国民经济的作用

1962 年 气象应用于农业和粮食生产

1963 年 运输与气象

1964 年 气象 – 经济发展的一个因素

1965 年 国际气象合作

1966 年 世界天气监视网

1967 年 天气与水

1968 年 气象与农业

1969 年 气象服务的经济效益

1970 年 气象教育与训练

1971 年 气象与人类环境

1972 年 气象与人类环境

1973 年 气象国际合作一百年

1974 年 气象与旅游

1975 年 气象与电信

1976 年 气象与粮食生产

1977 年 天气与水

1978 年 气象与今后的研究

1979 年 气象与能源

1980 年 人类和气候变化

1981 年 作为一种发展手段的世界天气监视网

1982 年 从太空观测天气

1983 年 气象观测员

1984 年 气象为农业服务

1985 年 气象与公众安全

1986 年 气候变化，干旱与沙漠化

1987 年 气象 – 国际合作的典范

1988 年 气象与新闻媒介

1989 年 气象为航空服务

1990 年 气象和水文部门为减轻自然灾害服务

1991 年 地球的大气

1992 年 天气和气候为稳定发展服务

1993 年 气象与技术转让

1994 年 观测天气和气候

1995 年 公众与天气服务

1996 年 气象为体育服务

1997 年 天气与城市水问题

1998 年 天气、海洋与人类活动

1999 年 天气、气候与健康

2000 年 世界气象组织—50 年服务

2001 年 天气、气候和水的志愿者

2002 年 降低对天气和气候极端事件的脆弱性

2003 年 关注我们未来的气候

2004 年 信息时代的天气、气候和水

2005 年 天气、气候、水和可持续发展

2006 年 预防和减轻自然灾害

2007 年 极地气象：认识全球影响

2008 年 观测我们的星球，共创更美好的未来

2009 年 天气、气候和我们呼吸的空气

2010 年 世界气象组织 – 致力于人类安全和福祉的六十年

2011 年 人与气候

2012 年 天气、气候和水为未来增添动力

附录十五　气象常用数据表

光速（真空）	$2.99792458 \times 10^8\ m \cdot s^{-1}$
大气中的声速（0℃）	$331.36\ m \cdot s^{-1}$
大气中的声速（常温）	$340\ m \cdot s^{-1}$
水银密度（标准状态）	$13.595080\ g \cdot cm^{-3}$
电子电荷（e）	$-1.60211917 \times 10^{-19}\ C$
干空气分子量	28.966
水（冰或水汽）分子量	18.016
氮（N_2）分子量	28.0134
二氧化碳（CO_2）分子量	44.010
氧（O）原子量	15.999
氮（N）原子量	14.0067
氯化钠（NaCl）分子量	58.443
碘化银（AgI）分子量	234.773
氢（H_2）分子量	2.0158
干绝热温度直减率（γ_d）	$9.76\ ℃ \cdot km^{-1}$
对流层平均气温直减率（γ）	$6.5\ ℃ \cdot km^{-1}$
干空气分子平均直径	$3.46 \times 10^{-10}\ m$
干空气密度（标准状态）	$1.2928\ kg \cdot m^{-3}$
干空气密度（0℃，1000 hPa）	$1.276\ kg \cdot m^{-3}$
干空气折射率	1.0002919
（对钠 D 线，λ =589 μm）	
均质大气高度（标准状态）	7.991 km
标准大气压	760 mmHg=1013.25 hPa
水的密度（0℃）	$0.99987 \times 10^3\ kg \cdot m^{-3}$

水的密度（4℃）	1.00000×10^3 kg·m^{-3}
纯水平面上的饱和水汽压（0℃）	6.1078 hPa
纯冰平面上的饱和水汽压（0℃）	6.1064 hPa
绝对零度	-273.15 ℃
水的冰点	273.15 K=0 ℃
水的三相点温度	273.16 K=0.01 ℃
水的沸点（760毫米汞柱）	100 ℃ = 373.15 K
水的比热（15℃）	4.195×10^3 J·kg^{-1}·℃$^{-1}$
水的绝对折射率	1.333
冰的密度	0.917×10^3 kg·m^{-3}
全球平均地面大气电场强度	≈ 130 V·m^{-1}
全球晴天地面大气总电流	≈ 1800 A
地球总电荷	$\approx 5.7 \times 10^5$ C
大气总电阻	≈ 200 Ω
地面与电导层之间的电位差	≈ 360000 V
全球各地平均可同时观测到的雷雨	≈ 2200 个
全球平均每年发生的雷雨	$\approx 16 \times 10^6$ 个
闪电中击穿电场强度	$\approx 10^3 \sim 10^4$ V·cm^{-1}
每次闪电放电量平均	$\approx 20 \sim 30$ C
每次闪电电流	≈ 20000 A
5微米直径水滴下降末速	$\approx 0.8 \times 10^{-4}$ m·s^{-1}
10微米直径水滴下降末速	$\approx 0.3 \times 10^{-2}$ m·s^{-1}
50微米直径水滴下降末速	≈ 0.08 m·s^{-1}
0.1毫米（100微米）直径水滴下降末速	≈ 0.3 m·s^{-1}
0.5毫米直径水滴下降末速	≈ 2.06 m·s^{-1}
1毫米直径水滴下降末速	≈ 4.03 m·s^{-1}
3毫米直径水滴下降末速	≈ 8.06 m·s^{-1}
5毫米直径水滴下降末速	≈ 9.09 m·s^{-1}
太阳平均半径	6.9599×10^5 km

太阳表面积　　　　　　　　　　　6.087×10^{12} km^2

太阳体积　　　　　　　　　　　　1.412×10^{18} km^3

太阳质量　　　　　　　　　　　　1.9891×10^{30} kg

太阳平均密度　　　　　　　　　　1.409×10^3 kg $\cdot$ m^{-3}

太阳表面有效温度　　　　　　　　5770 K

太阳发出的辐射　　　　　　　　　3.83×10^{26} J $\cdot$ s^{-1}

日地平均距离（一个天文单位）　　1.4960×10^8 km

地球平均半径　　　　　　　　　　6371.004 km

地球赤道半径　　　　　　　　　　6378.140 km

地球极地半径　　　　　　　　　　6356.755 km

地球平均密度　　　　　　　　　　5.518×10^3 kg $\cdot$ m^{-3}

地球质量　　　　　　　　　　　　5.974×10^{24} kg

地球体积　　　　　　　　　　　　1.083×10^{12} km^3

地球表面积　　　　　　　　　　　5.11×10^8 km^2

地球陆地面积　　　　　　　　　　1.49×10^8 km^2

（约为地球表面积的 29%）

地球海洋面积　　　　　　　　　　3.62×10^8 km^2

（约为地球表面积的 71%）

地球南北纬 30° 之间表面积　　　　2.555×10^8 km^2

（约 1/2 地球表面积）

地球大气质量　　　　　　　　　　5.136×10^{18} kg

单位截面积大气柱质量　　　　　　10350 kg $\cdot$ m^{-2}

地球自转角速度　　　　　　　　　7.2921152×10^{-5} rad $\cdot$ s^{-1}

地球自转轴的倾斜　　　　　　　　23°　27′

地球上的脱离速度　　　　　　　　11.19 km $\cdot$ s^{-1}

地球赤道上一点的自转速度　　　　0.46510 km $\cdot$ s^{-1}

地球赤道上的离心加速度　　　　　3.3915×10^{-2} m $\cdot$ s^{-2}

地球公转沿黄道的平均速度　　　　29.79 km $\cdot$ s^{-1}

地球纬度 1° 平均距离　　　　　　111.137 km

地球赤道上经度 1° 距离　　　　　111.32 km

万有引力常数	6.6720×10^{-11} m$^3 \cdot$ s$^{-2} \cdot$ kg^{-1}
地球标准重力加速度	980.665 cm $\cdot$ s^{-2}
地球赤道重力加速度	978.032 cm $\cdot$ s^{-2}
地球极地重力加速度	983.218 cm $\cdot$ s^{-2}
地球纬度 45° 处重力加速度	980.616 cm $\cdot$ s^{-2}
地球在 50 千米高度处重力加速度	965.4 cm $\cdot$ s^{-2}
地球在 100 千米高度处重力加速度	950.5 cm $\cdot$ s^{-2}
地球上一个位势米	9.8 m$^2 \cdot$ s^{-2}=9.8 J $\cdot$ kg^{-1}
在日地平均距离处垂直于 太阳辐射方向的太阳能	1368 Wm^{-2}
月球平均半径	1738.2 km
月球体积	2.200×10^{10} km^3
月球质量	7.351×10^{20} kg
（约为地球质量的 1.23%）	
月球平均密度	3.341×10^3 kg $\cdot$ m^{-3}
月球表面重力加速度	162.2 cm $\cdot$ s^{-2}
月地平均距离	384401 km
圆周率（π）	3.14159265……
1 弧度（弮）	57° 17′ 44.806″ =57.2957795°
1 度	π/180° =0.017453（弧度）

附录十六　地质年代表

宙	代	纪	世	代号	距今大约年代（百万年）	主要生物进化 动物		主要生物进化 植物	
显生宙	新生代 Kz	第四纪	全新世	Q	— 1 —	人类出现		现代植物时代	
			更新世		— 2.5 —				
		新近纪	上新世	N	— 5 —	哺乳动物时代	古猿出现 灵长类出现	被子植物时代	草原面积扩大被子植物繁殖
			中新世		— 24 —				
		古近纪	渐新世	E	— 37 —				
			始新世		— 58 —				
			古新世		— 65 —				
	中生代 Mz	白垩纪		K	— 137 —	爬行动物时代	鸟类出现 恐龙繁殖 恐龙、哺乳类出现	裸子植物时代	被子植物出现裸子植物繁殖
		侏罗纪		J	— 203 —				
		三叠纪		T	— 251 —				
	古生代 Pz	二叠纪		P	— 295 —	两栖动物时代	爬行类出现 两栖类繁殖	孢子植物时代	裸子植物出现大规模森林出现小型森林出现陆生维管植物
		石炭纪		C	— 355 —				
		泥盆纪		D	— 408 —				
		志留纪		S	— 435 —	鱼类时代	陆生无脊椎动物发展和两栖类出现		
					— 495 —				
		奥陶纪		O	— 540 —	海生无脊椎动物时代	带壳动物爆发		
		寒武纪			— 650 —				
元古宙	新元古	震旦纪		Z	— 1000 —		软躯体动物爆发		
					— 1800 —				
					— 2500 —				
	中元古			Pt	— 2800 —	低等无脊椎动物出现		高级藻类出现 海生藻类出现	
	古元古				— 3200 —				
					— 3600 —				
太古宙	新太古			Ar	4600	原核生物（细菌、蓝藻）出现（原始生命蛋白质出现）			
	中太古								
	古太古								
	始太古								

地质年代歌谣

新生早晚三四纪，六千万年喜山期；中生白垩侏叠三，燕山印支两亿年；

古生二叠石炭泥，志留奥陶寒武系；震旦青白蓟长城，海西加东到晋宁。

附录十七 科技部、中宣部、教育部、中国科协命名——全国青少年科技教育基地

（气象行业共 17 个）

1. 南京北极阁江苏省中小学校气象科普基地
2. 贵州省气象台
3. 宁夏回族自治区气象台
4. 广西壮族自治区气象台
5. 中央气象台
6. 中国气象局国家卫星气象中心
7. 天津市气象科技展览馆
8. 山西省太原市专业气象台
9. 上海市浦东气象科普馆
10. 浙江省绍兴市气象台
11. 福建省气象台
12. 江西省天文气象科普中心
13. 广东省广州气象卫星地面站
14. 重庆市气象科普教育基地
15. 西藏自治区气象局气象现代化遥感技术研究所
16. 陕西省气象科普教育示范基地
17. 宁夏回族自治区吴忠市气象台

附录十八　中国科协命名
——全国科普教育基地

（气象行业共 41 个）

1. 北京市气象台
2. 江西省气象科普教育基地
3. 山东省气象台
4. 武汉中心气象台
5. 广东气象科普教育基地
6. 广西壮族自治区气象台
7. 云南省气象台
8. 陕西省气象科普教育示范基地
9. 延安市气象台
10. 宁夏回族自治区气象台
11. 山东聊城市气象科普教育基地
12. 上海浦东气象科普馆
13. 合肥气象科技园
14. 湖南省气象台
15. 贵州气象科技馆
16. 西藏自治区气象台
17. 中国气象科技展厅
18. 山西阳泉气象科普教育基地
19. 吉林省气象科普馆
20. 吉林省白城市气象台
21. 上海松江气象科普教育基地

22. 南京北极阁江苏省中小学校气象
科普基地
23. 江苏盐城气象科普馆
24. 浙江杭州气象科普教育基地
25. 中国台风博物馆
26. 安徽马鞍山气象科技馆
27. 福建省气象台
28. 厦门青少年天文气象馆
29. 山东菏泽科普馆
30. 河南濮阳气象科技馆
31. 开封市气象台
32. 广东中山气象科普教育基地
33. 阳江市气象科普教育基地
34. 广州气象卫星地面站
35. 贵州黔西南州气象学会
36. 云南大理国家气候观象台
37. 德宏州气象科普教育基地
38. 西藏林芝地区气象科普教育基地
39. 山南地区气象科普教育基地
40. 陕西渭南气象科普教育基地
41. 兰州大学半干旱气候与环境观测站

附录十九 中国气象局、中国气象学会命名——全国气象科普教育基地

（共84个）

1. 中央气象台
2. 国家卫星气象中心
3. 中国气象局影视信息中心
4. 中国科学院大气物理研究所
5. 北京市气象台
6. 北京气象卫星地面站
7. 天津市滨海新区气象预警中心
8. 山西省观象台
9. 内蒙古自治区气象台
10. 沈阳中心气象台
11. 黑龙江省气象台
12. 上海市气象科普教育基地
13. 南京北极阁江苏省中小学校气象科普基地
14. 苏州市气象台
15. 绍兴市气象台
16. 杭州市气象台
17. 宁波市气象台
18. 安徽省气象台
19. 安徽省黄山气象站
20. 福建省气象台
21. 厦门市气象科普教育基地
22. 江西省气象科普教育基地
23. 山东省气象中心
24. 山东省泰山气象站
25. 青岛市气象台
26. 开封市气象台
27. 武汉中心气象台
28. 湖南省气象台
29. 广东气象科普教育基地（汕头）
30. 广州气象卫星地面站
31. 广西壮族自治区气象台
32. 广西百色地区气象台
33. 四川省气象台
34. 南充市气象科普教育基地
35. 重庆市气象科普教育基地
36. 贵州省气象台
37. 黔东南州气象台
38. 云南省气象台
39. 昆明市太华山气象站
40. 西藏自治区气象台
41. 陕西省气象科普教育基地
42. 延安市气象台
43. 兰州中心气象台

44. 青海省气象台

45. 宁夏回族自治区气象台

46. 吴忠市气象台

47. 乌鲁木齐气象卫星地面站

48. 浙江省岱山县中国台风博物馆

49. 河南省濮阳市气象科技馆、

50. 山东省菏泽气象科普馆

51. 河北省气象台

52. 山西省临汾市气象局

53. 内蒙古自治区鄂尔多斯气象科普馆

54. 辽宁省沈阳市气象局

55. 吉林省气象科普馆

56. 上海浦东气象科普馆

57. 江苏省盐城市气象台

58. 江苏省连云港市花果山气象科普馆

59. 浙江省德清县气象科普馆

60. 合肥气象科技园

61. 福建省龙岩市气象台

62. 福建省漳平市气象局

63. 江西省庐山气象局

64. 山东聊城气象科普教育基地

65. 湖北省襄樊市气象台

66. 广东省中山市气象科普馆

67. 广东省阳江市气象局

68. 四川省凉山彝族自治州气象局

69. 成都信息工程学院大气探测重点实验室

70. 贵阳气象科技馆

71. 云南省大理州气象局

72. 西藏自治区拉萨市气象局

73. 西藏自治区山南地区气象科普教育基地

74. 甘肃省兰州市皋兰山气象科技园

75. 兰州大学半干旱气候与环境观测站

76. 青海省西宁市气象站

77. 新疆维吾尔自治区乌鲁木齐市气象局

78. 大连市气象台

79. 大连市沙河口区中小学生科技中心

80. 宁波市气象科普中心

81. 深圳市气象台

82. 解放军理工大学气象学院气象科普教育实习基地

83. 北京理工大学附属中学

84. 云南省腾冲县气象局

参考文献

北京华风气象影视信息集团 .2005. 电视气象基础 . 北京：气象出版社

本书编写组 .1971. 十万个为什么（7）. 上海：上海人民出版社

本书编写组 .2007. 气候变化——人类面临的挑战 . 北京：气象出版社

本书编写组 .2009. 气象信息员知识读本 . 北京：气象出版社

段若溪等 .2003. 农业气象学 . 北京：气象出版社

赖比星等 .2009. 欣赏峨眉"佛光"要选时 . 气象知识，1:39-41

李爱贞，刘厚凤，张桂芹 .2003. 气候系统变化与人类活动 . 北京：气象出版社

李爱贞等 .2006. 气象学与气候学基础（第二版）. 北京：气象出版社

李建云 .2006. 趣味气象小百科 . 成都：四川辞书出版社

李宗恺主编 .1998. 地球的外衣——大气 . 南京：江苏科学技术出版社

罗祖德 .1999. 正视灾害 . 南京：江苏教育出版社

全国科学技术名词审定委员会 .2009. 大气科学名词（第三版）. 北京：科学出版社

人民教育出版社地理社会室 .2003. 地理（上册）. 北京：人民教育出版社

孙卫国 .2008. 气候资源学 . 北京：气象出版社

汪勤模 .1998. 识破天机的现代神探 . 北京：气象出版社

王奉安 .1998. 撩开地球的神秘面纱 . 北京：气象出版社

王劲松等 .2009. 空间天气灾害 . 北京：气象出版社

温克刚 .1999. 辉煌的二十世纪新中国大纪录·气象卷 . 北京：红旗出版社

杨德保等 .2003. 沙尘暴 . 北京：气象出版社

翟盘茂等 .2003. 厄尔尼诺 . 北京：气象出版社

郑天喆等 .2003. 科学与未来·修补臭氧层 . 北京：知识出版社